## 撰　　稿

张　迪　沈蓓蕾　孙　杰

唐旭东　曹　阳　赵　新

魏诗棋　郑士明　高　雪

柴冰冰　陈禹行　滕　雪

张　静　刘晓漫　王靖雯

康　健

## 插图绘制

雨孩子　肖猷洪　郑作鹏

王茜茜　郭　黎　任　嘉

陈　威　程　石　刘　瑶

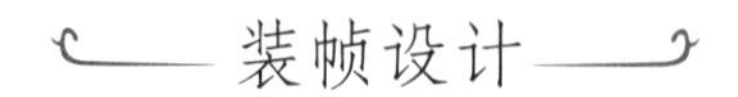

## 装帧设计

陆思茁　陈　娇

高晓雨　张　楠

了不起的中国

古代科技卷

# 古典建筑

派糖童书　编绘

化学工业出版社

·北京·

**图书在版编目（CIP）数据**

古典建筑/派糖童书编绘. —北京：化学工业出版社，2023.9
（了不起的中国. 古代科技卷）
ISBN 978-7-122-43920-8

Ⅰ. ①古… Ⅱ.①派… Ⅲ.①古建筑-建筑艺术-中国-儿童读物 Ⅳ.①TU-092.2

中国国家版本馆CIP数据核字（2023）第141537号

了不起的中国
—— 古代科技卷 ——
**古典建筑**

责任编辑：刘晓婷　　责任校对：王　静

出版发行：化学工业出版社（北京市东城区青年湖南街13号　邮政编码 100011）
印　　装：北京尚唐印刷包装有限公司
787mm×1092mm　1/16　印张5　2024年1月北京第1版第1次印刷

购书咨询：010-64518888　　售后服务：010-64518899
网　　址：http://www.cip.com.cn
凡购买本书，如有缺损质量问题，本社销售中心负责调换。

定　　价：35.00元　

# 前　言

几千年前，世界诞生了四大文明古国，它们分别是古埃及、古印度、古巴比伦和中国。如今，其他三大文明都在历史长河中消亡，只有中华文明延续了下来。

究竟是怎样的国家，文化基因能延续五千年而没有中断？这五千年的悠久历史又给我们留下了什么？中华文化又是凭借什么走向世界的？“了不起的中国”系列图书会给你答案。

“了不起的中国”系列集结二十本分册，分为两辑出版：第一辑为“传统文化卷”，包括神话传说、姓名由来、中国汉字、礼仪之邦、诸子百家、灿烂文学、妙趣成语、二十四节气、传统节日、书画艺术、传统服饰、中华美食，共计十二本；第二辑为“古代科技卷”，包括丝绸之路、四大发明、中医中药、农耕水利、天文地理、古典建筑、算术几何、美器美物，共计八本。

这二十本分册体系完整——

从遥远的上古神话开始，讲述天地初创的神奇、英雄不屈的精神，在小读者心中建立起文明最初的底稿；当名姓标记血统、文字记录历史、礼仪规范行为之后，底稿上清晰的线条逐渐显露，那是一幅肌理细腻、规模宏大的巨作；诸子百家百花盛放，文学敷以亮色，成语点缀趣味，二十四节气联结自然的深邃，传统节日成为中国人年复一年的习惯，中华文明的巨幅画卷呈现梦幻般的色彩；

书画艺术的一笔一画调养身心，传统服饰的一丝一缕修正气质，中华美食的一饮一馔（zhuàn）滋养肉体……

在人文智慧绘就的画卷上，科学智慧绽放奇花。要知道，我国的科学技术水平在漫长的历史时期里一直走在世界前列，这是每个中国孩子可堪引以为傲的事实。陆上丝绸之路和海上丝绸之路，如源源不断的活水为亚、欧、非三大洲注入了活力，那是推动整个人类进步的路途；四大发明带来的文化普及、技术进步和地域开发的影响广泛性直至全球；中医中药、农耕水利的成就是现代人仍能承享的福祉；天文地理、算术几何领域的研究成果发展到如今已成为学术共识；古典建筑和器物之美是凝固的匠心和传世精华……

中华文明上下五千年，这套“了不起的中国”如此这般把五千年文明的来龙去脉轻声细语讲述清楚，让孩子明白：自豪有根，才不会自大；骄傲有源，才不会傲慢。当孩子向其他国家的人们介绍自己祖国的文化时——孩子们的时代更当是万国融会交流的时代——可见那样自信，那样踏实，那样句句确凿，让中国之美可以如诗般传诵到世界各地。

现在让我们翻开书，一起跨越时光，体会中国的“了不起”。

# 目　录

窑洞
新疆民居
井干式建筑
干栏式建筑
毡包

# 导　言

我们的国家地域辽阔广博，各地自然环境差别很大，人们的生活习惯也不尽相同，所以，在慢慢流逝的时光之中，在山高水远的空间里，形成了多种多样的建筑风格：东北和西南的大森林里有原木垒成的井干式建筑；南方气候湿热，山区里则能看到架起来的竹、木建筑——干栏式建筑；北方草原上的游牧民族则聪明地采用便于拆建的毡包，骑着马，驱赶牛羊追逐肥美的水草，随遇而安；干旱少雨的新疆地区有平顶的房屋；黄土高原上，至今还有人居住在依托黄土断崖挖出的窑洞里。

在我国历史上，全国大部分地区最多、最常使用的是木结构建筑。数千年来，平民居所、帝王宫殿、陵墓、官署、庙宇等都普遍采用木结构，这也是我国古代建筑成就的主要代表。

在这本书里，我们可以认识全国各地独具特色的地方建筑，也可以深入了解木结构建筑在世界建筑史上的辉煌成就，了解古代的房屋怎么建造，匠人怎么分工，也可以了解历朝历代建筑发展变化的过程。

走进古建筑，仿佛进入时光隧道，与古人的身影擦肩而过，见证时代更迭和风云变幻，从这些不可移动的文物中，了解中华文化重要的一部分。

# 主流：木架结构建筑

木架结构建筑是中国古代主流建筑，已经有数千年历史了。能延用数千年的建筑结构类型一定有它非常突出的优势，我们来看看什么样的建筑是木架结构，以及这种建筑有哪些优势吧。

## 适应性强

木架结构建筑是指由木制的柱、梁、檩（lǐn）、枋（fāng）等形成框架（见第 14 页），来支撑整栋房屋受力的结构。也就是说，一栋房屋最主要的部分，就是木架。屋顶是后覆盖在上面的，墙也是后砌上去的，仅起到遮挡和分隔空间的作用，并不承重。

所以，木架结构建筑可以随意更改墙面，也可以随意设置门窗的位置，哪怕墙倒了，房屋也不会倒塌。

这样的房子空间灵活，也能很好地适应各种不同的环境，无论山地、林间、平原、水乡，还是冬季寒冷的北方、夏季湿热的南方，都可以建造，使用范围非常广泛。

## 好找的原料

制作木架需要树，那些又高又笔直的大树被砍伐后，可以加工成木材。

我国古代，广袤的土地上遍布茂密的原始森林，哪怕是现在的黄土高原，也曾经气候湿润，生长着茂密的植物。

相对于石料，木材更容易获得，也容易加工。哪怕是用粗笨的工具，砍伐树木也比挖出大石头，再打磨加工成石料容易得多。进入铁器时代后，大量的铁制工具，比如斧子、锯、刨、凿子等使专业人士加工木材更娴熟，加工大木材的同时，还可以加工非常精细的部件。

## 以柔克刚的抗震性能

木结构比较柔韧，榫卯（sǔnmǎo）结构（见第59页）还有一定可活动性。“弱之胜强，柔之胜刚”，因而一些古老的木结构建筑可以承受大地震依然屹立不倒，让今天的我们还能看到。比如天津蓟（jì）县独乐寺观音阁、山西应县佛宫寺释迦塔（见第63页），它们都是辽代建筑，已有千年左右的历史。

## 施工速度相对很快

放眼世界，欧洲一些古老的大教堂要花上几十年、上百年时间修建，是“石头的交响乐”。而中国古建筑大量使用木材，建设速度可比石制建筑快多了。到了唐宋以后，还诞生了标准化生产流程，各种木构件的式样定型，可以批量加工，制成后再组合拼装，就像一个生产线。所以，建筑面积15万平方米的北京故宫，在明初兴建时，从最初备料到竣工只用了14年，明朝嘉靖时重建三大殿也只花了3年时间。

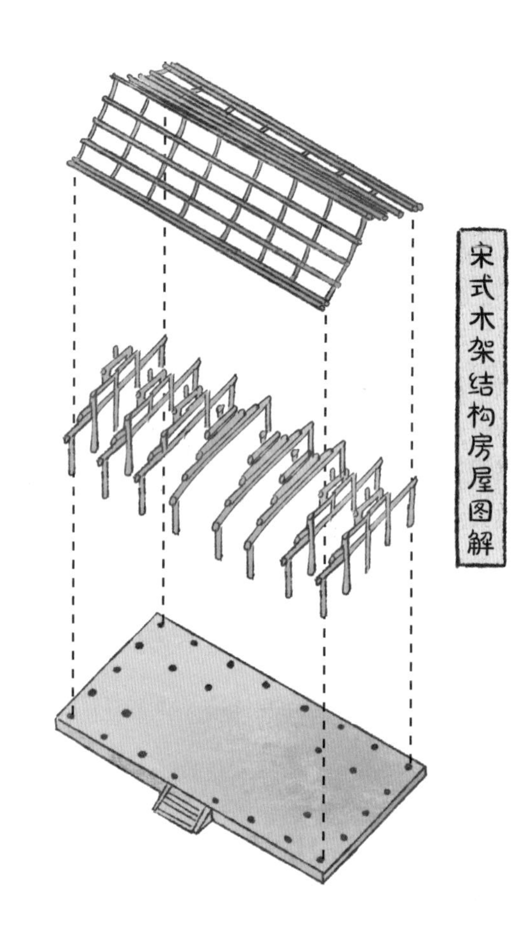


## 维修方便，还能搬迁

木结构是拼装在一起的，就像一组巨大的、复杂的积木，在精通这门技艺的匠人手里，它们可以被拆卸和替换。这样，如果哪个结构腐朽了，可以换新的；主人想要搬家，大手笔的话，可以连房屋一起拆了搬走。所以，“偷梁换柱”是真的可以做到的。

木架结构建筑的优势非常明显，我们古代社会的发展也没有那么快，所以，直到19世纪末，木架结构建筑仍是我国的主流建筑。

既然木架结构建筑有这么多优势，为什么到了19世纪末、20世纪初，木架结构建筑就渐渐退出历史舞台了呢？

## 从环保角度讲不适合

有些树木的生长非常缓慢。比如在我国云南、贵州、四川等地生长的楠木，要数百年才能成材；珍贵的小叶紫檀，要生长四百年才能达到碗口粗细。砍伐树木很快，但树木生长得却很慢。大自然裸露的地方越来越多，土地失去了庇护，生态环境会日益恶化。

宋代的建筑学著作《营造法式》中特别详述了节约木材的措施：大料不能小用，长料不能短用，边角料用作板材，柱子可用小料拼成等。由此猜测，随着历朝历代树木的不断被砍伐，大木料已经开始紧缺了。明初永乐年间营造北京宫殿时，要不远万里从西南地区采办木材，而清代修缮宫殿的木料，则改为了从东北原始森林中获取。清代的康熙帝说这是惜取民力，但其中也有木材紧缺的原因。

## 童山濯濯

濯，音 zhuó。这是一个成语，形容光秃秃的，没有树木的山。

## 易遭虫蛀

木材可是一些小动物的“磨牙棒”，同时，在我国南方，白蚁也对木架结构建筑造成严重的威胁。白蚁以植物纤维为食，房屋的木料在它们眼中就是大大的美餐。

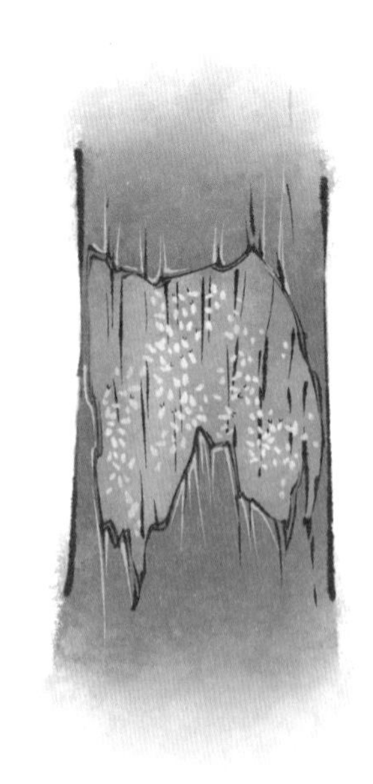

## 空间受局限

木材的长度和承重能力毕竟有限，所以，木架结构无法建造更大、更复杂的房屋。

在进入 20 世纪后，老式的木架结构建筑被新式的建筑取代，建筑慢慢变成了我们现在看到的样子。

## 易失火

古代消防措施很一般，木结构建筑一旦着起火来往往很难扑救，如果建筑与建筑离得很近，还会火烧连营，直到烧光为止。

比如《红楼梦》里面写葫芦庙大火，最后烧光了整条街。

触目惊心的真实案例是，明永乐十九年（1421 年），北京紫禁城三大殿刚刚落成四个月，便遭遇雷火而焚毁，过了二十年才重新建成。一百多年后又着了一场大火，三大殿连同奉天门、午门外左右廊等处都被烧毁了。之后屡建屡焚，清朝时还出现过膳房失火牵连三大殿的事故。

# 木架结构建筑的分类

古代木构建筑主要分为穿斗式与抬梁式两种，在此基础上还有穿斗与抬梁结合的综合结构建筑。

## 穿斗式

人们根据檩数在地面定好柱的位置，沿进深方向摆好柱子。先在地上用穿枋将柱子拼接成整榀（pǐn，一组屋架叫一榀）屋架，竖立起来后，再用斗枋连接几榀屋架，形成一个高度完整的屋架。

屋架的最高点是柱子的顶端，人们在其上放置檩条。每排柱子顶端都架一根檩条，柱子有几排，檩条就有几根。檩条之上，就是一排一排的椽（chuán）了。

穿斗式建筑结构精巧，用料比较经济，整体重量较轻，就是柱与柱之间的间隔不太疏朗，房子里没有大空间，这种结构不适合用

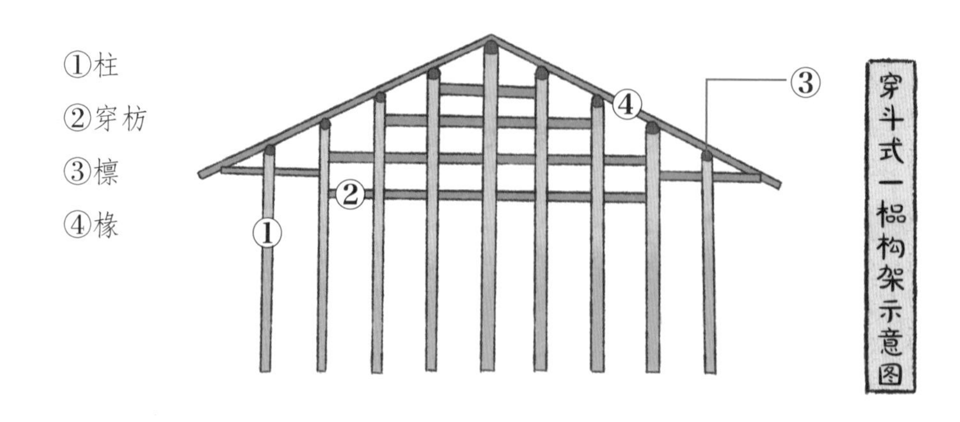

穿斗式一榀构架示意图

来建造大宫殿。

因为整体性强的原因，穿斗式建筑的抗震性能非常好。

穿斗木架技术在公元前 2 世纪就发展到比较成熟的水平了，现在我国长江中下游许多省份还保留着大量明清时期穿斗式结构的建筑。

## 抬梁式

人们在粗壮的柱子顶上横置梁头，梁头上再竖起较短的瓜柱，上面再横放短梁，如此层叠而上，像精巧的积木一样一层层加上去。人们将檩放置在梁上，如果采用斗拱结构，则将梁搁置在斗拱之上。

抬梁式木构架中，柱与柱之间的距离可以大许多，房屋内可以分隔出较大空间，北方地区许多古代宫殿、庙宇等规模较大的建筑物采用的就是抬梁式构架。

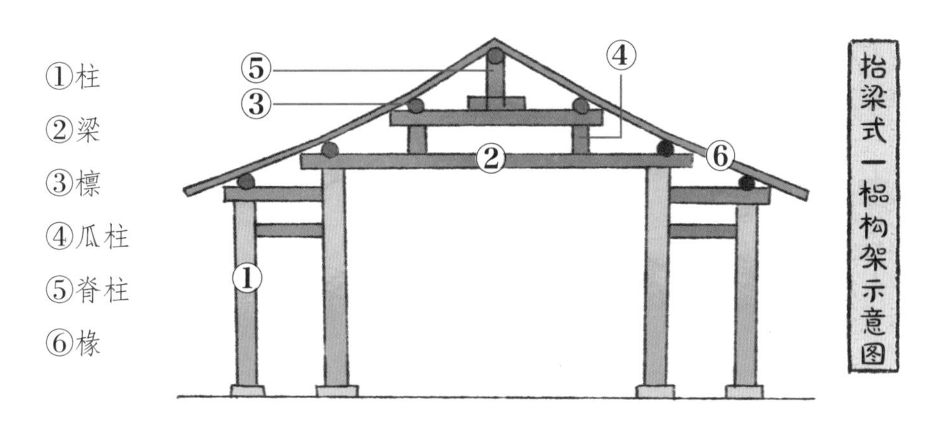

抬梁式一榀构架示意图

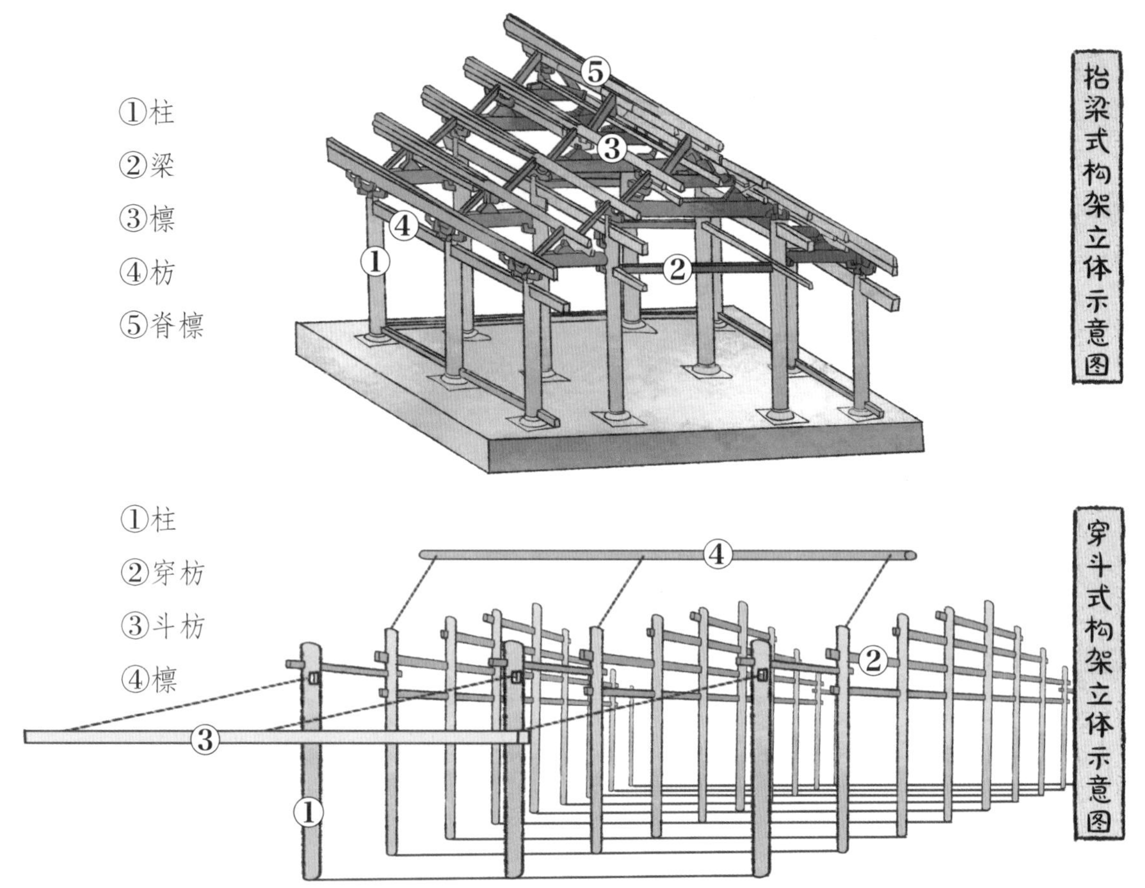


简单说来，穿斗式是用穿透柱子的长木枋把柱子串联起来，组合成一个整体的房架，柱上架檩；抬梁式是像搭积木一样，在柱上架梁，在梁上架檩。

从外观可以看出，穿斗式中间有一根长长的柱子，从地面直到屋顶，就好像一把伞的伞柄；抬梁式中间的柱子架在最上面的梁上，没有通到底的柱子，这把“伞”没有伞柄。

**区别：**

| 穿斗式 | 木穿木 | 柱上架檩 | 没有梁 | 有“伞柄” | 柱可以不粗，省木材 |
|---|---|---|---|---|---|
| 抬梁式 | 木架木 | 柱上架梁，梁上架檩 | 有梁 | 无“伞柄” | 柱粗壮，需要大木材 |

# 怎样盖一栋房子

## 准备工作

如果我们是古人，要怎样盖一栋房子呢？

首先，我们要准备下面这些工具。

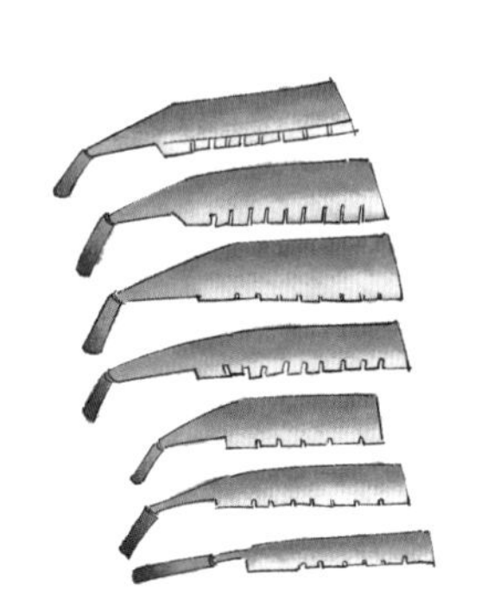
手锯，锯开木板

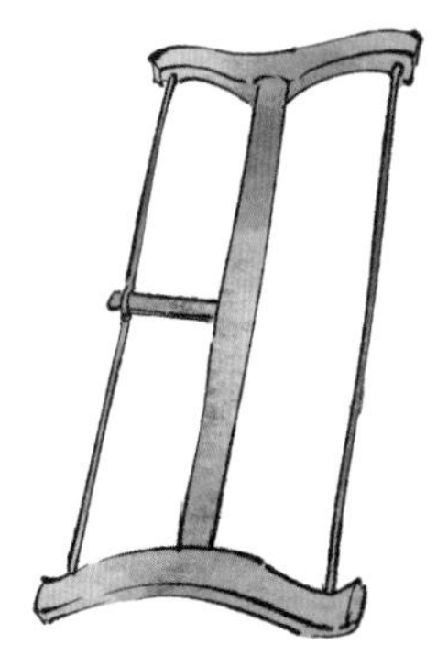
框架锯，锯开更厚的木头

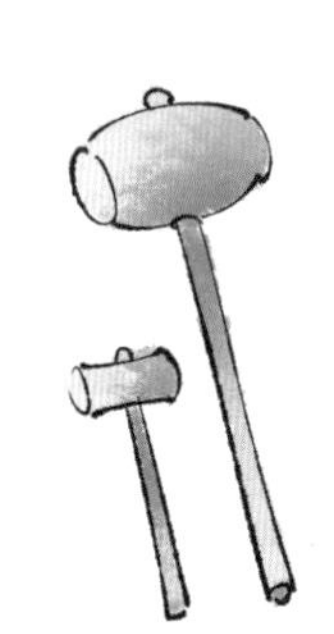
锤子，通过挥击增强敲击力量

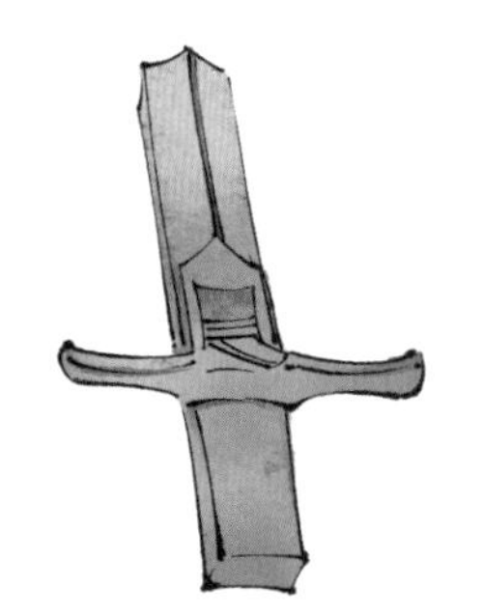
刨子，加工木料表面

锉刀，加工小木件

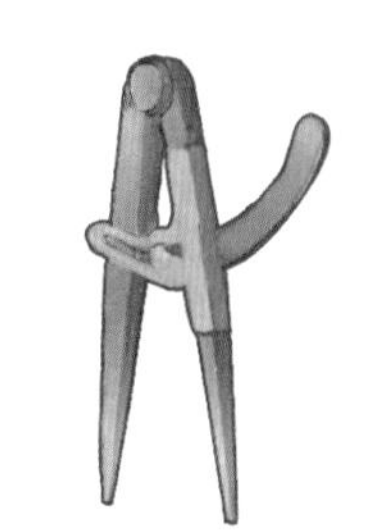
规，画扇形、圆形

墨斗，画直线

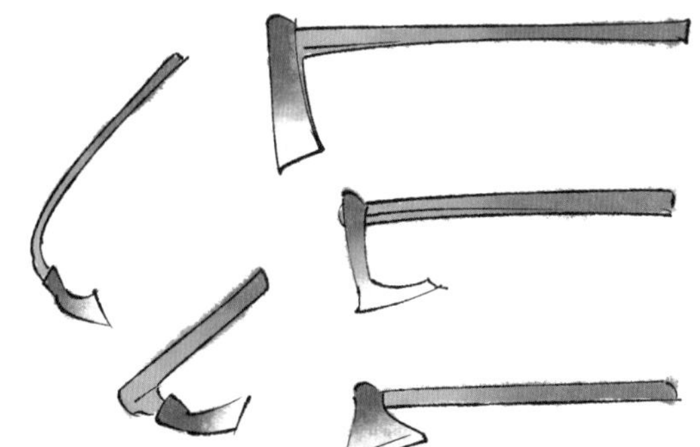
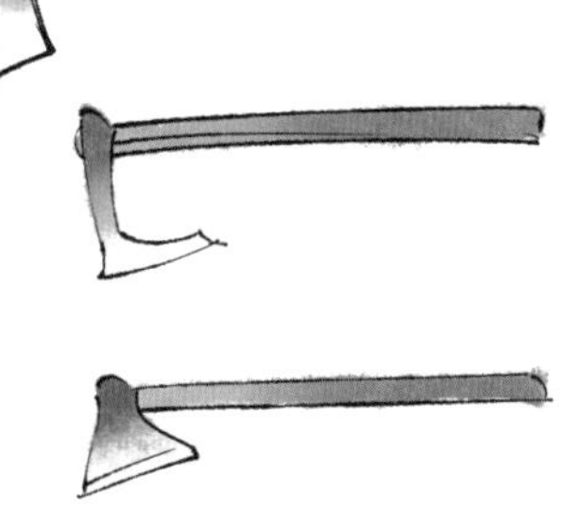
锛(bēn)子，削平木料

斧子，劈开木料

刮刀，修整表面

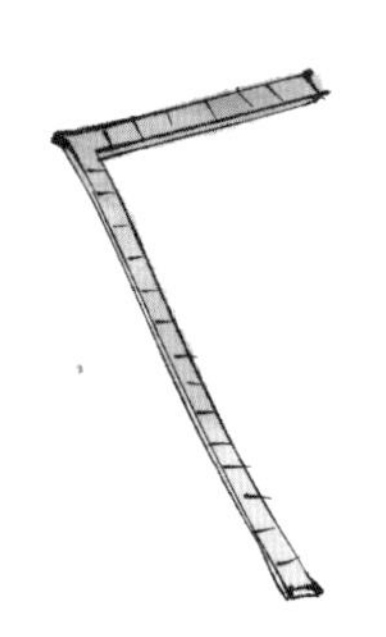

角尺，垂直测量、画线

矩，测量直角、拼合可以画矩形

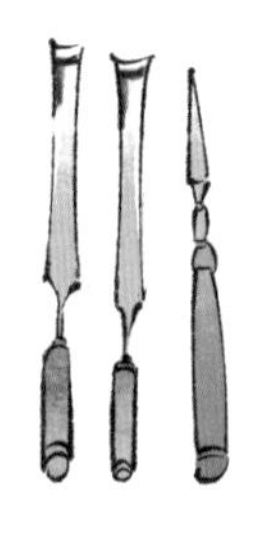

凿子，打孔、穿凿

圆铲，挖槽、挖洞，造型用的

我国古代没有大型自动化机械，工匠们都用手工工具进行或繁重或精细的劳动，非常了不起。

## 台基

建房子之前，人们要确定房屋的面积，修整土地，建造台基，让室内的地面高出室外的地面。台基可以防水，避免室内潮湿，保持干燥。

在台基上，人们拉出直线，布下柱网，用来明确每根柱子的位置，之后在这些位置放置柱础。

## 柱础

木制的柱子容易被雨水侵蚀，所以柱子根部会有大石头保护，这就是柱础石，也叫“柱础”。柱础有一部分埋在地下，有一部分露出地面，高于平地，是为了防积水的。北方干燥一些，降水没有南方多，所以北方的柱础没有南方的高。柱础有普通的圆形的，也有雕刻成莲花、覆盘样式的。

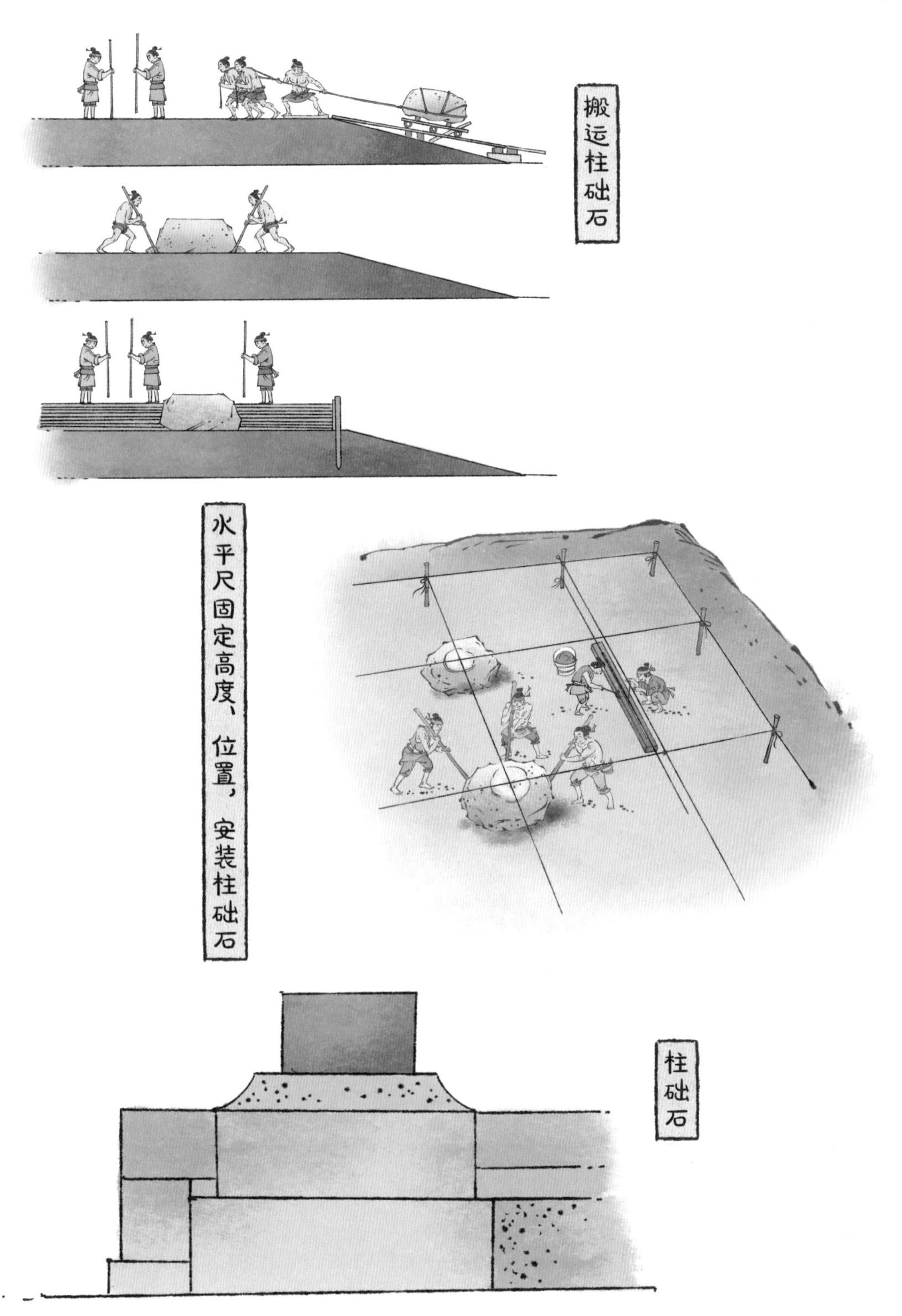
搬运柱础石
水平尺固定高度、位置，安装柱础石
柱础石

# 大木作

我们已经知道，古代最常见的建筑是木结构建筑，而这类建筑最主要的部分就是木构件。木构件制作大体分为大木作和小木作两类。这两类很好记，像柱、枋、梁、檩这一类大的木构件，就分到大木作里，斗拱因为要承重，所以也分到大木作这一类；雀替、天花、门、窗等略小的一些木构件分到小木作一类里，因为起到装修作用，所以也叫“装修作”。

再简单来说，木构件里承重的部分是大木作，美化的部分是小木作。

我们先来看看大木作。

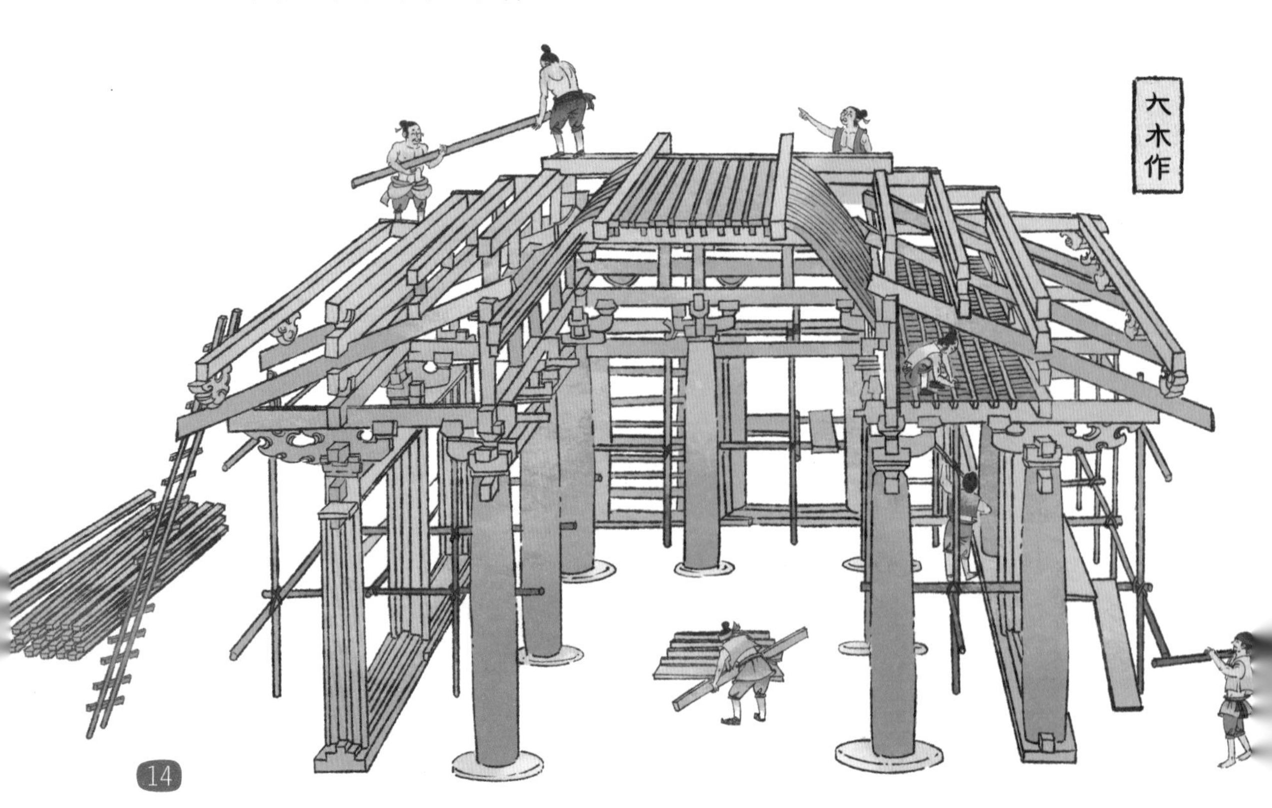

## 柱

柱子是一个建筑中起支撑作用的，垂直于地面的结构。古代建筑的柱子分外柱和内柱。

木架结构房屋内部的柱子也是木制的，穿斗式构架的柱子多，稍密一些，但不需要特别粗；抬梁式构架柱子的数量少一些，柱子要更加粗壮，一根柱子往往要使用一整棵大树的树干。

## 瓜柱

在梁上立起来的较短的柱子，分金瓜柱和脊瓜柱。金瓜柱上可以再架梁，脊瓜柱上架屋顶最高处的那一条脊檩。

## 枋

整体是很长的柱状木材，横断面是矩形的。

## 穿枋

在穿斗式结构中，将一排柱子穿起来的枋件称为“穿枋”，也可以简称为“穿”。

## 梁

“梁”在穿斗式构架中没有，在抬梁式构架中才得以应用。

梁是沿着房屋横宽的方向架在柱子上的，梁很坚实，承托着上面其他构架及屋顶的重量。

梁的下面，主要支撑物就是柱子。在较大型的建筑物中，梁是放在斗拱上的，斗拱下面才是柱子；而在较小型的建筑物中，梁是直接放置在柱头上的。

## 檩

檩是沿房屋长边架在屋架上面，用来支持椽子的长条形木构件。也叫“檩条”或“桁（héng）”。

屋顶最高处的那一条是脊檩。

# 斗拱

## 斗拱

斗拱出现的时间非常早，可以追溯（sù）到周朝末年。斗拱在宋代也称“铺作”，在清代称“斗科”，在江南也叫“牌科”。

小朋友一定要记住斗拱这个词。斗拱是中国建筑中特有的部件，用于屋顶和屋身衔接的地方，它们的作用是在柱子上托举上面出檐部分的重量，所以，看起来十分精巧的斗拱实际上是一群“大力士”。

为了遮风挡雨，屋顶往往要大于屋身，尤其是我国南部多雨地区，屋顶更是比屋身大出好多。斗拱技术不用钉子，通过一些小木件紧紧咬合，就能承托大于屋身的屋顶，而且十分稳固，这一技术是中国建筑中的绝技之一，令世界都为之称奇。

斗拱的主要构件是：斗、拱、升、昂。

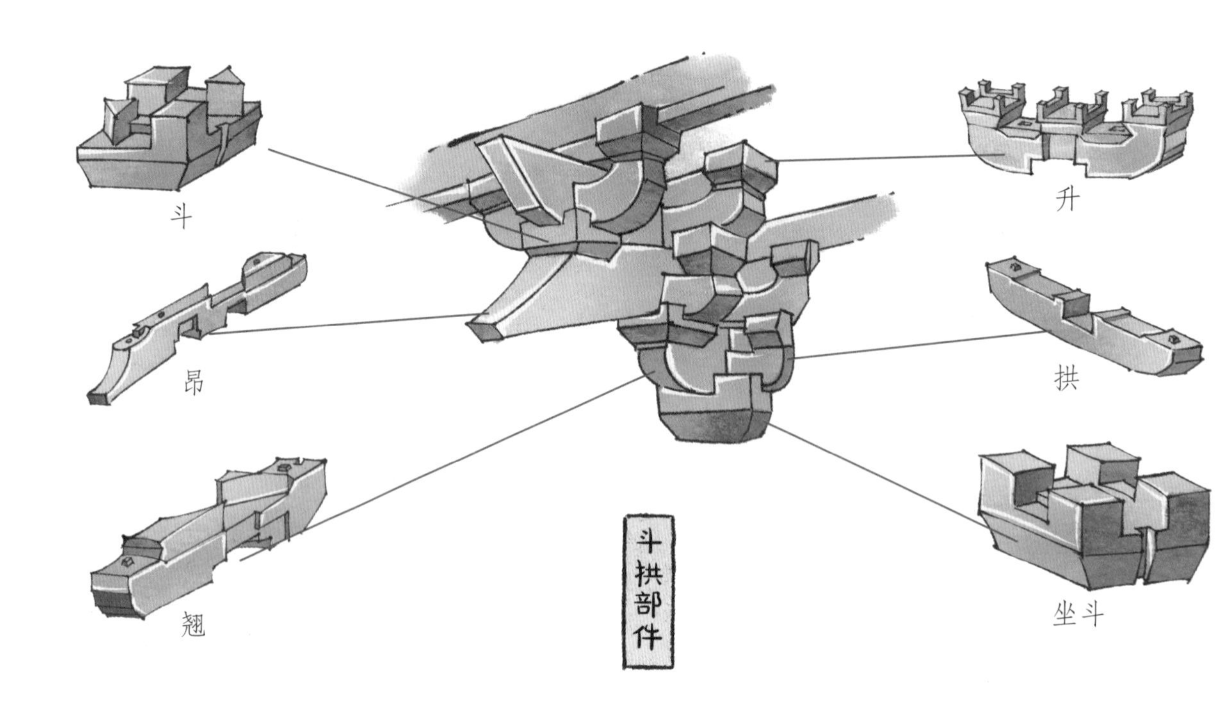


## 斗

斗大体是方形的，因为外形特别像古代盛米的斗，所以得名。斗大概是四格的小立方，像现在小朋友玩的拼装积木，可以承载其他部件。在一朵（一组斗拱结构的单位）斗拱的最底下起承托作用的斗部件叫“坐斗”。

## 拱

拱大体是长方体，两端略向上翘，与弓有些相似，是连接环节中的一块短枋。有一种部件叫“华拱”，也叫“翘”，在宋代也是一种拱，只是形状很特别。

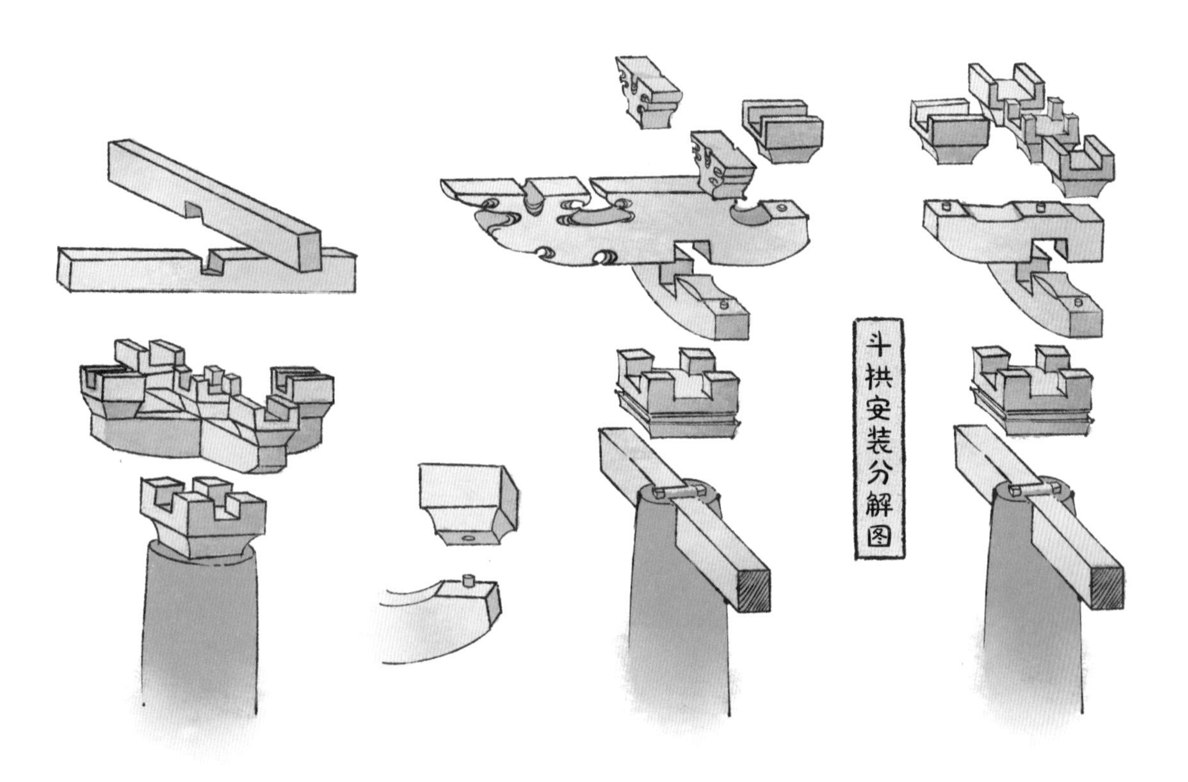


## 升

升放置在拱的两端，有承托和抬升作用，托起上层拱或其他结构的木块，有点像一半的斗。在拼装积木里，大概是二格的小立方。

## 昂

昂这个部件听起来就很积极向上，它的作用也是“向上托举”。它是一个长形的木构件，贯通一朵斗拱，一半在建筑里承担压力，一半向外挑出托起屋檐，里外两半互相平衡。

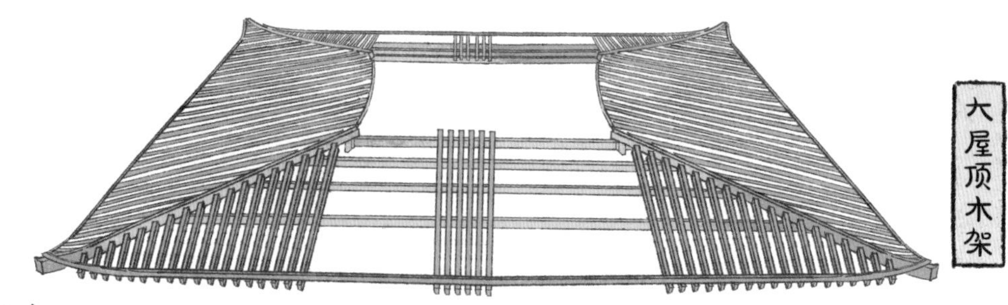


# 屋顶

屋顶是一栋房子的帽子，要比屋体的覆盖面大，又要柱子支撑得住，还要风吹不走，雪压不塌，所以屋顶的构造需要既结实又轻巧。

除了实用性，屋顶也是一栋房屋最重要的外观装饰，还是古代建筑等级的重要体现。

## 椽

从屋顶的脊檩密密地纵向排列的木构件叫“椽”，是屋顶的主要部分。椽排得又密又整齐，上面再铺上望板、苫（shàn）背或者竹篾（miè），再铺上瓦，就可以起到遮风挡雨的作用了。

有句俗语叫“出头的椽子先烂”，意思是如果椽子长出一截，那么它会最先腐烂。引申为劝人低调，不要事事强出头。

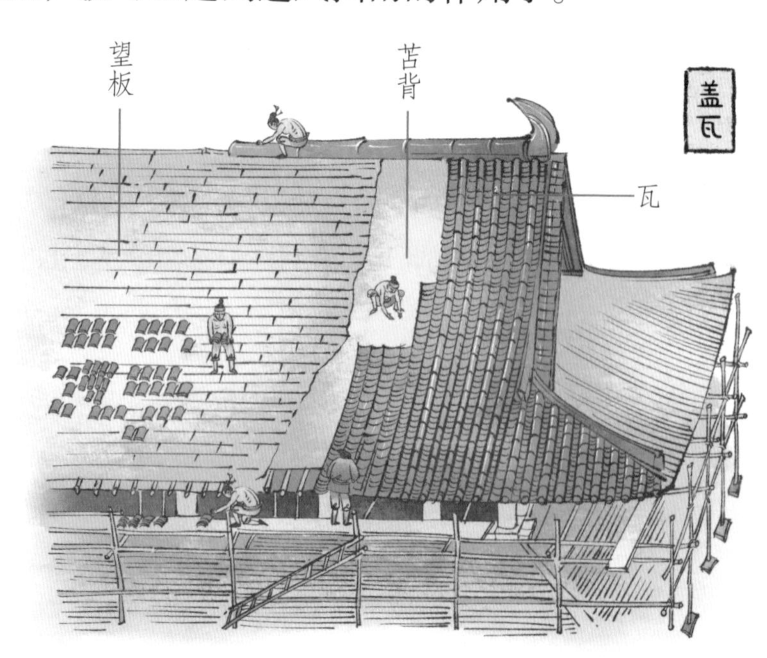

## 竹篾、望板、苫背

椽毕竟是木条，不会特别密实，所以还要再进行加工。

简单的建筑在椽子之上铺上竹篾就可以铺瓦了。复杂一些的建筑屋顶，椽之上会铺上“望板”，这是一种或横向铺，或纵向铺的木板；望板之上还需要“苫背”，苫背是用灰、秸秆、茅草和泥浆加工制成的防水层；苫背之上再铺瓦。

## 瓦

很多小朋友背诵过《茅屋为秋风所破歌》，开篇是：“八月秋高风怒号，卷我屋上三重茅。茅飞渡江洒江郊，高者挂罥（juàn）长林梢，下者飘转沉塘坳（ào）。”茅屋是古时候百姓居住的非常常见的房屋，大风刮起来，屋顶的茅草很容易被卷起刮走，这样的屋顶需要时常修补，遮风挡雨的效果也不好。除了茅草，平民的建筑还会用泥土、石片等覆盖屋顶，总之，古时候的老百姓是什么易得、什么经济就会用什么。

有条件的人们会选择各类瓦片来覆盖屋顶。周代遗址中已经发现了陶瓦，春秋战国时期瓦片已经大量用于建造宫殿。后来，还出现了更高级更昂贵的瓦片，用于豪华的居所、寺庙和宫殿，这种瓦除了实用性，还有装饰以及体现身份等级的作用。

为了防止漏雨，人们用黏土等材料烧制出质地密实的瓦片，历史上还有个别房屋用铜片包裹赤金制成的金瓦，以及打磨贝壳制成的明瓦；为了防止积水，同时帮助雨水从屋顶排干净，瓦片会制成弧形片或者筒状，一片压一片，在屋顶从上到下层层叠叠地铺好；为了固定瓦片以及更好地排水，除了大面积铺开的瓦片之外，瓦片还有许多配件，统称为“瓦件”。

## 琉璃瓦

表面上釉（在陶瓷表面经烧制而成的矿物层）的瓦片叫“琉璃瓦”。南北朝时期，琉璃瓦就已经应用于建筑上了。北京故宫屋顶用的都是琉璃瓦，而且大部分是只有皇家能用的金黄色琉璃瓦。

## 瓦当和滴水

覆盖房顶的是瓦片，屋檐边缘处的则是筒状的瓦当，向外的一面可以看到清晰的圆形。而那些三角形向下垂的叫“滴水”，它们遮挡屋檐防止腐蚀，让雨水从这里流淌下去。

# 台基和墙壁

## 普通台基

建房子的基础是建筑台基。台基是夯（hāng）土的，“夯”这个字，由“大”和“力”组成，用很大的力气打实泥土就是夯土。

后来，人们为了让台基起到更好的防水防潮作用，同时也更加美观，就在夯土台基外砌上砖石，由此也演化出了更多精美的台基外观。

## 须弥座

等级越高的建筑台基越大，一些更为讲究的高等级建筑使用了须弥座台基。须弥座原来是佛像的底座，来自印度，后来作为影壁、宫墙等的基座，也可以建成很大的台基。北京故宫九龙壁的基座就是须弥座，不过，规模最大的当属故宫三大殿的须弥座（见第68页故宫三大殿图），由汉白玉修砌，高达8米，呈现“土”字形。

## 踏跺

古代建筑里石砌的台阶叫“踏跺”，常见的有如意踏跺和垂带踏跺等。如意踏跺就是上层台阶比下层台阶一级级缩小的踏跺，而台阶很工整的就是垂带踏跺。

## 陛和陛下

“陛（bì）”是专门用来铺设御路的石头。高大的宫殿前的石阶中间，要有雕刻着龙凤图案的巨大石材，叫“丹陛”。丹陛不是用来踩着走的，而是皇帝坐在专用的大轿子上，沿着丹陛一路被抬到宫殿里去。

臣子不能直接跟皇帝对话，要和站在陛石下的侍者说话，所以后来“陛下”这个词就成了皇帝的代称。

## 墙壁

木结构的墙壁起到围挡、分隔空间、隔音、保温的作用，不承重，所以，北方建筑的墙体厚，有的还有保温层；南方建筑的墙体相对薄一些，有的只用木板或竹子制墙。

大的木框架确定后，工匠们就开始砌墙了。最古老的墙是夯土墙，人们用木板围住四周做模具，中间一层一层夯上坚实的泥土，这种技术叫“板筑”。土墙隔热性能好，材料易得又经济，是百姓

建房的首选。只是，土墙浸水之后就会变得不太结实，人们就会很注意房屋的排水，或者在墙下面用石砖加高。

有的建筑也用砖砌墙，一般用小条砖，早期的一些墓室就有砖墙的部分。北魏时候，已经有砖砌的宝塔，证明当时制砖和砌砖的水平已经非常高超了。

## 空斗墙

砖墙并不一定都是实心的，右图这种南方常见的空斗墙，就是将砖砌成盒状，墙体中空，既轻巧，又隔热。

也可以在空斗墙里填上碎石或泥土，使墙变得更加结实。这种墙有一个非常吉利的名字，叫“金满斗”。

# 小木作

大木作安装完成，墙也砌好了，接下来是安装小木作，意味着这栋房子可以开始装修啦。

## 门

门在古代叫“户”，门户不但起到安保作用，还能特别显示主人的身份。

建筑的宅门是结实的实木门，有的会在上面钉门钉、包金属，可以起到防火和加固的作用。

## 洞门

洞门也是门，但没有门板，一般用在花园当中，起到分隔作用，和景色融为一体，符合古人对园林移步换景的期待。

## 门钹

钹（bó）是一种传统乐器，能发出清亮的声响。门钹就是安装在门上的像钹的金属部件。它上面有圆环，可以当拉手，用来开关沉重的大门，还能轻轻叩响，当作敲门的工具。

## 屋宇式宅门

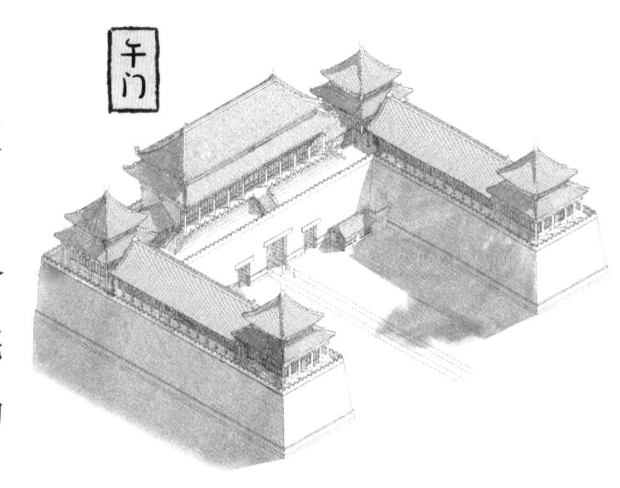


屋宇式宅门可以起到划分区域的作用，是一座单独的建筑。

屋宇式宅门可以明显地区分等级，比如门外带有彩画的广亮大门，是清朝时七品以上官员的住宅才能使用的。再比如如意门，是北京四合院里最常见的宅门，外面除了门扇之外全部用石砖挡住。而北京故宫的午门，则是一座有五座楼阁的、两侧向前伸出（雁翅楼）的高大城门，有“五凤楼”之称。

## 窗

原始人穴居的时候，在洞穴顶部凿洞，是为了透光透气，叫“囱（cōng）”，就是天窗。后来人们把房屋建造在了地上，窗子也开在了墙上，叫“牖（yǒu）”。

窗子中间的格子叫“棂（líng）格”，起到稳固的作用。古代没有玻璃，人们会在窗棂上糊纸或安装窗纱。

## 天花

在一些重要房屋的室内，人们会吊上顶棚，叫“天花”，它既能隔凉又能隔热，还能防止梁架上的尘土落下来。古代的一些天花板非常漂亮，造型很多，装饰花纹也多种多样。

## 藻井

有一种天花做成凹进去的样式，就像把井开到了屋顶上一样，同时又用莲花、水藻花纹来装饰，有避火的寓意，这种装饰叫“藻井”。用龙作为顶心图案的藻井也叫“龙井”。

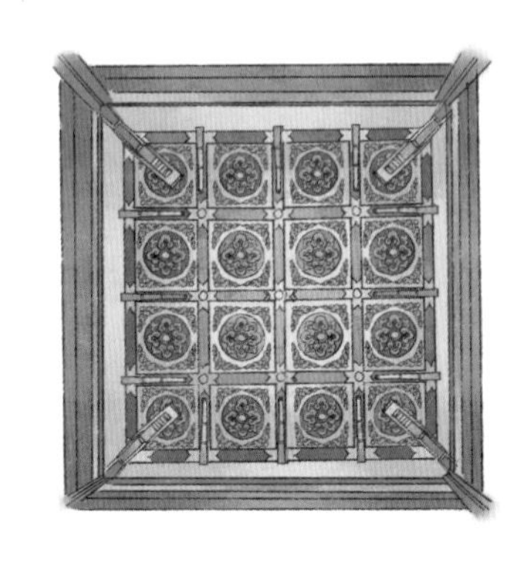

天花藻井

## 彩画

彩画的历史非常悠久，春秋时期的人们就已经在建筑上进行彩绘了。彩画的内容可以体现建筑的等级，清代紫禁城里就有一种“金龙和玺（xǐ）”彩画，只有太和殿等特别重要的宫殿才能绘制。为了使图案清晰、颜色鲜艳、保存长久，彩画的绘制需要十几道工序。

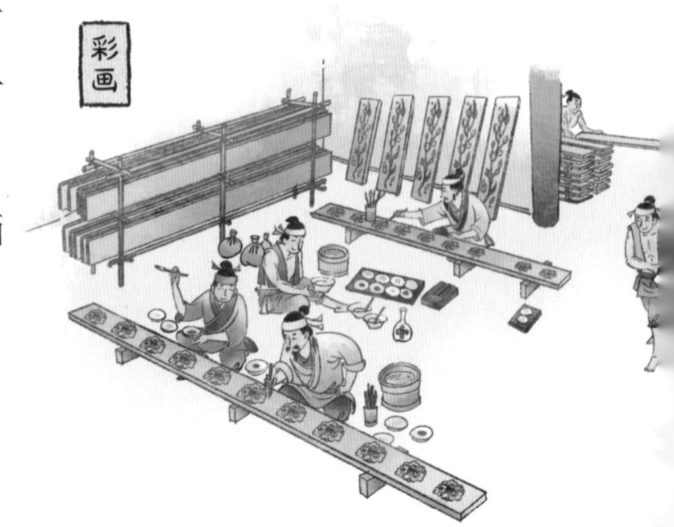

彩画

# 单体建筑

我国古代的建筑可以分为单体建筑和建筑群。一栋房屋就是单体建筑，许多单体建筑组合在一起，相互之间又有功能上的联系，就是建筑群了。

我国历史久远，出现过许许多多不同式样的单体建筑，想要把它们一一辨认出来是很难的事情。不过，简洁明了是我们古代单体建筑的特点，一般的建筑都可以通过它的外观来判断内部空间大小和用途，还可以通过屋顶特征来叫出这些建筑种类的名称。

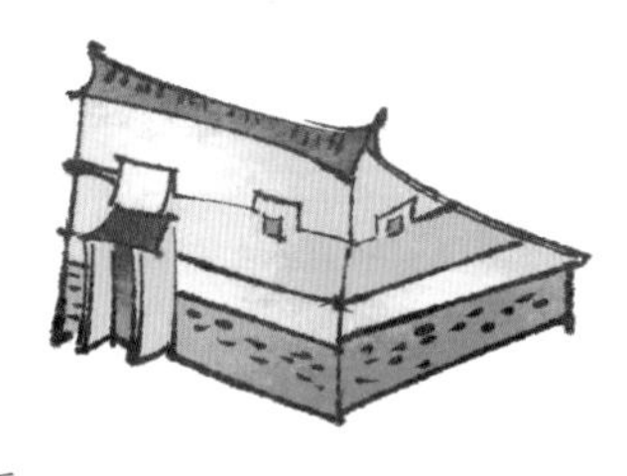

单坡顶

屋顶是一个坡面，好像一块蛋糕被斜着切下来。

平顶

屋顶是一个平面。这种建筑在干旱地区较常见。

拱券（xuàn）顶

用砖石砌成的半圆形屋顶，有两间、三间或多间相连的样式。

硬山顶

这种房屋简单朴素，有一条正脊和四条垂脊，但只有前后两面屋顶，左右两侧不出檐，和墙是齐的。

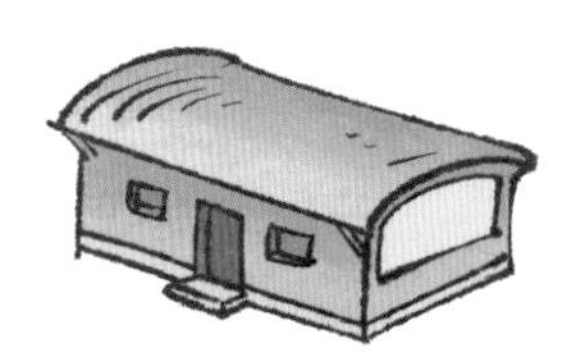

囤顶

屋顶中间高，两边低，是一个弧面。在东北比较常见，可以尽快排掉积雪、雨水。

卷棚顶

也叫“元宝脊”，屋顶最高处不做成脊，而是一个弧面，看起来很活泼。

庑（wǔ）殿顶

庑殿顶的四面都是斜坡，有一条正脊和四条垂脊。庑殿顶的等级非常高。

歇山顶

歇山顶有一条正脊、四条垂脊和四条戗（qiàng）脊，侧面有一个清晰的三角形“山花”。等级略低于庑殿顶。

圆顶攒（cuán）尖

攒尖顶没有正脊，也没有垂脊，屋顶中间高处有一个尖尖。屋顶呈圆形的就是圆顶攒尖。

重檐庑殿顶

重檐庑殿顶建筑是等级最高的。北京故宫太和殿是重檐庑殿顶的典型建筑。

盝（lù）顶

盝顶这种建筑很特殊，也不常见。它的屋顶高处有四条和屋檐平行的屋脊，合成一个四边形平顶。四个角又各垂下一条垂脊。

四角攒尖

四条垂脊下伸出四个角。除此之外，还有三角、六角、八角的，也有重檐的。

## 屋檐

因为有防雨、防晒的需求，所以屋檐大多数要伸出屋身一定宽度。

## 重檐

重檐是有两层或两层以上房檐。一般来说，房檐一层就够用了，如果要盖两层，就是用来提升建筑等级的。如果你看到重檐的古建筑，那很可能是座很厉害的建筑呢。

## 脊

屋顶上有多个平面，平面和平面之间清晰的交界线叫“脊”。正脊是屋顶最高处的脊，除了正脊，还有垂脊和戗脊等。

# 建筑群

若干个单体建筑组合起来就是建筑群。单体建筑不能一个一个零散地摆在那里，它们之间需要院落来连接。一个院落里，房屋是主体，走廊是通道，院墙是边界，使院落形成了一个完整的空间，保护里面的人们。

## 中轴线

传统院落是有中轴线的，中轴线让院落有了空间感，还可以帮人们分清主次。中轴线上的建筑是主要建筑，两侧的房屋是次要建筑。在皇帝的家里，中轴线上最主要的建筑一定和皇帝的最高权力紧紧相连。

## 四合院

四合院是老北京常见的民居单位，结构紧凑，是典型的小院落。人们想把一个小的建筑群扩大，第一步就是延伸中轴线，然后向四外扩展，形成多条轴线并列的格局，但每一个小部分仍然是一个院落。大院落可以看成是小院落的组合。

北京四合院就在“天子脚下”，所以规制比别处的严格，只能用灰砖青瓦，这是当时百姓用的主

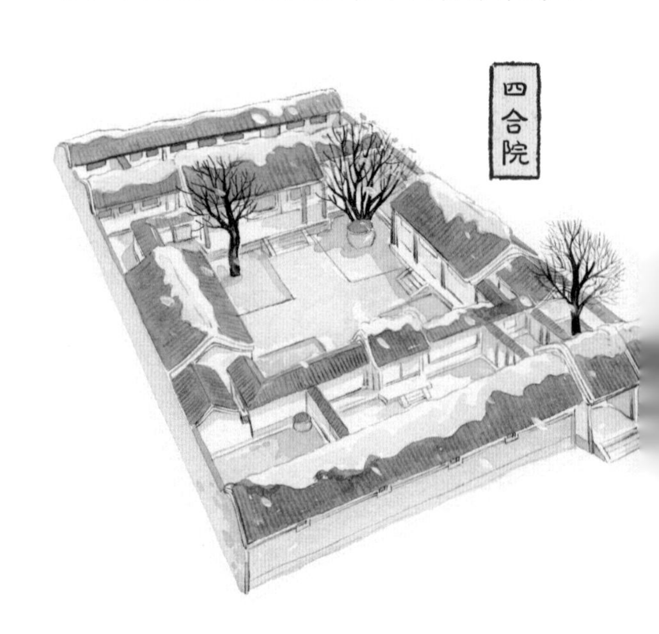

色调，突出了皇宫的金碧辉煌。四合院的大门不会直接对着院子和房屋，一般会有影壁挡住，影壁可以挡风，也能增加院落的私密性。

中轴线上最主要的房屋叫“正房”，正房坐北朝南，采光最好，中间是正厅，两侧是卧房；正房两侧的叫“厢房”，分东厢和西厢。将房屋连接起来的是“抄手游廊”，可以遮挡阳光，也能挡风挡雨。

## 北京天坛

北京曾是明清两朝的都城，北京城里有天坛、地坛、日坛和月坛，其中天坛的规制最高。北京天坛的中轴线是一条长路，穿起了圜（yuán）丘、皇穹宇、祈年殿三个主要建筑。这三个主要建筑都是圆形的，体现了我国古代“天圆地方”的哲学思想。

# 建筑与环境

“何必丝与竹，山水有清音。”中国古典建筑大多坚持尊重自然的原则，力求成为环境的一部分，就好像建筑是从土地里生长出来的一般。

## 在哪里盖房子

古代有专门帮助人们给建筑选址的职业，无论大城镇、小住房，还是祠堂、庙宇，都要通过“卜宅”“相地”来对环境进行考察。从现代角度看，这些行为有“迷信”的成分，但关于地形地貌、植被情况、水源位置等的选择技巧也有一定可取之处。

## 风水

“风水”是中国特有的文化，从两汉到明清长期在中国流行。古人相信居住在有灵气的地方，人们可以更好地生活。比如，房子要避风向阳，为了取水方便，还要建在水源附近。环境优雅，光照充足，庄稼容易丰收，人们也会感觉更有生命力。

## 因地制宜

古代工匠和设计大师会随地势高低起伏、河流和山丘的形势等，因地制宜地安置建筑。所以，深山里有古刹、水乡中有建筑小品、江畔则有高阁，这些多种形态的建筑精品应运而生。

## 承德避暑山庄金山岛

承德避暑山庄是清代帝王的行宫，皇帝出游途中可以到这里暂住，也可以专门来这里避暑度假。除了出于安全需要建起的围墙外，避暑山庄整体是随环境而建的。它东面临河，西北依山，将武烈河水引入山庄，形成湖泊，又依傍湖水建造了金山岛。

金山岛模仿镇江金山寺而建，高处可以观赏湖光山色，低处随地势建造房屋，回廊拾（shè）级而上，可以观景，也可以通行。

这里的建筑虽然是为皇帝服务的，但并不是紫禁城那种浓重的红墙黄瓦，而是灵动的红柱灰瓦，这样在这片秀丽山水中也不会显得十分突兀。

承德避暑山庄金山岛

## 拙政园

拙政园是苏州园林的代表，位于江苏省苏州市，是明代正德年间御史王献臣的私园，后来几易其主，也经过不断改建，才成为现在的样子。

与许多苏州园林一样，拙政园占地面积并不大，在紧凑的空间里处处有景，曲径通幽，收纳天地。这也是中国古典园林的特点。拙政园的布局以中部的水池为中心，其他建筑都围绕水池展开，有疏有密，有聚有分。水池边有异石、渡口、堤岸，池上有曲桥，池畔有回廊。回廊再连接大小亭阁，作为观景的所在。

明代早期拙政园

# 谁是建筑的主人？

民居是百姓的居所。有了住的地方，劳苦的人们不再漂泊，而是有了家的保护。

皇宫是皇帝居住和办公的地方，行宫是皇帝的度假别墅，除此之外，还有保卫国土的军事建筑和祭天祀地的礼制建筑，我们把这些归于古代皇权建筑。

庙宇是神明在人间的居所，是凡人的信仰寄托。在世界各地，宗教建筑普遍豪华繁复、精致异常，甚至促进了建筑技术和文化艺术的发展。

修建陵墓来源于人们对死亡的恐惧和对生命的未知。古人相信精神不灭，人死后要有坟墓作为肉身的栖身之所。了解陵墓的建筑特点，也能帮我们感知古人对生命的态度。

## 百姓的居所

任何一个时代的百姓都希望能安安稳稳地过日子，在自己的小房子里一代一代地传承香火。古代盖房子不容易，所以故乡和祖宅一起，成为一代又一代人扎根的地方。

前面提到了传统民居北京四合院，现在，我们再来了解几种独具特色的民居类型。

## 皖南民居

“皖南”指古徽州一代，是经济发达、人才辈出的地方。徽州地区多山，人口多，耕地少，许多人被迫外出经商谋生，发展到明清时期，形成了著名的商业群体——徽商。

徽商回乡之后，就会好好地建设自己的家园，除了私人宅院之外，还会兴建牌楼、书院、祠堂等，再加上当地独特的气候和文化，使得现如今保存下来的皖南民居别具一格。

①天井
皖南多雨，庭院不需很大，房屋围起来形成“天井”。院子中间铺好石板，下雨的时候，雨水顺着屋檐流入天井，在院子里积蓄起来，叫“四水归堂”，有财富积蓄的美意，也充满自然意趣。

②走马楼
房屋室内可以围着走一圈，所以叫“走马楼”。

③风火山墙
山墙是建筑物两侧的墙体。上面高出屋面的山墙起到防火作用。图中这种叠落式山墙因为外观很像马的头部，所以也叫“马头墙”。每面山墙上有五山的叫“五岳朝天式”。

④楼梯
因为空间局促，楼梯一般沿墙搭建。上面设置隔板，可以开启或关闭。

## 福建土楼

土楼主要分布在福建省，是一种令人惊叹的防御型民居，主要有五凤楼、方形土楼、圆形土楼三种形式。因为外部墙体是夯土建成的，整体在二层以上，所以叫“土楼”。

图中这种圆形土楼里住着许多户人家，就像一个小区，人们一起生产生活，联合防御，还可以“大圆套小圆”。住户的每个房间都惊人地均等，宽度大概在三四米左右，不会特别大，也不会特别小，整栋楼里的人们平等和谐，没有强烈的尊卑等级。

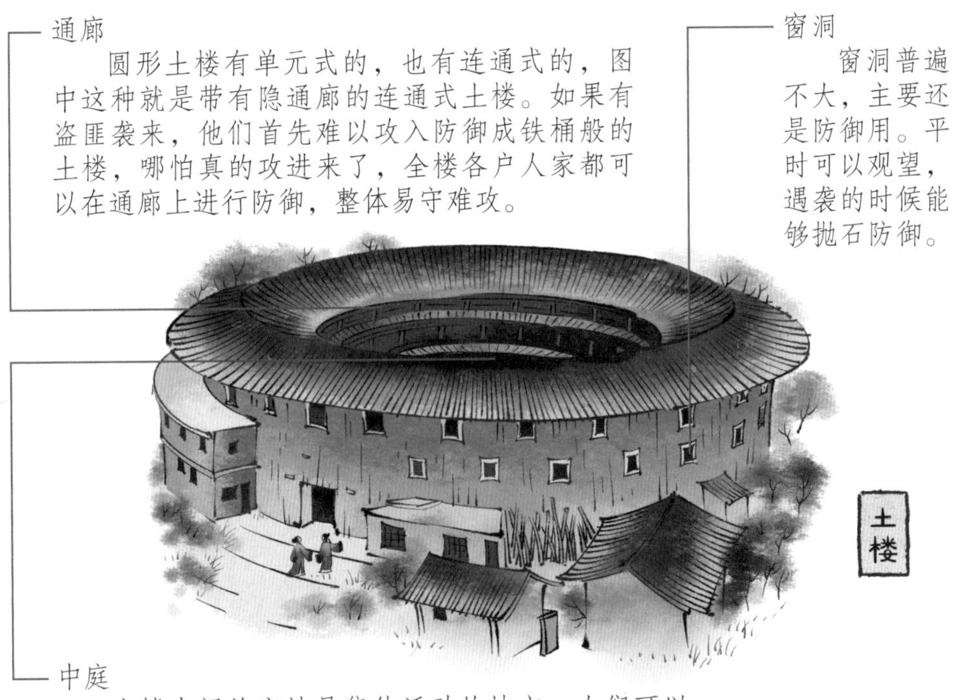

## 蒙古包

“毡包”“穹庐”是草原游牧民族传统的民居形式，已经有两千多年历史了。牧民靠饲养马匹、放牧牛羊为生，哪里水草丰美就到哪里去，过着说走就走的生活。所以可以移动的房屋特别适合游牧民族。这种房屋因为受到蒙古族人民的广泛使用，也叫“蒙古包”。

蒙古包之所以可以移动，是因为它是用木材做成支架，上面覆盖毛毡建成的，既轻便，又防风，还能随时拆卸。

③哈那
蒙古包围墙部分围起来的骨架叫“哈那”，类似栅栏形状，蒙古包的大小是由哈那的多少决定的。

④陶脑
蒙古包顶部的中心部分，也是木质结构。

①乌那
像支撑雨伞的伞骨，是圆顶斜面的骨架，下面与哈那相连。

②毛毡
蒙古包最外层捆上毛毡，厚实、挡风。早在周朝，人们就会用动物毛皮制作毛毡。

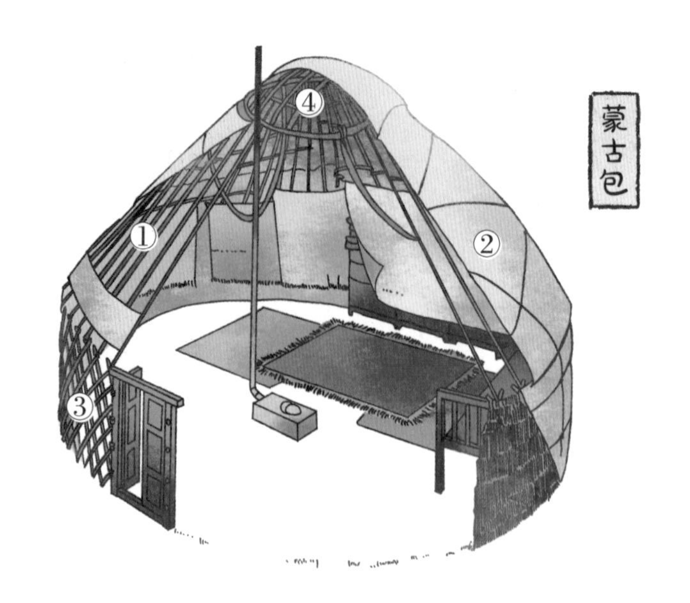

# 皇权的证明

古代中国是“家天下”制，皇权至高无上。皇帝不光要有自己住的地方，还需要有彰显权威和维护统治的场所，以及娱乐休闲的去处。

皇帝住的地方是皇宫，我们现在能看到的北京故宫就是明清两代的皇宫。北京故宫里保存着大量历史遗存，还有原貌陈列以及大量珍贵文物展览。其他朝代的皇宫因为历史久远，中间经历了许多战乱，几乎都不存在了，所以，北京故宫是我们探究古代帝王生活的绝佳去处。

皇帝除了日常居住生活，还要管理整个国家。边境总有外敌虎视眈眈，皇帝得想办法去防御；天不下雨或洪水泛滥，皇帝得祭天祀地，与神明沟通。所以，除了京都和陪都的皇宫，以及各地行宫之外，还有边防建筑和礼制建筑，这些都用来维护皇权。

## 紫禁城

天上众多星辰里，有一颗北极星，被称为“帝星”，可以理解为代表皇帝的星星。紫微星是以北极星为中枢的星群。皇宫呢，是皇帝在人间的住所，还是别人不能轻易进入的禁地，所以皇帝的宫殿就叫“紫禁城”。

## 北京故宫

北京故宫是明清两代的皇宫，初步建成于明永乐十八年（1420年）底，后经多番补建成为现在的样子。

故宫是一个方方正正的超级建筑群，占地面积 72 万平方米，南北长 961 米，东西宽 753 米，共有房屋九千多间。

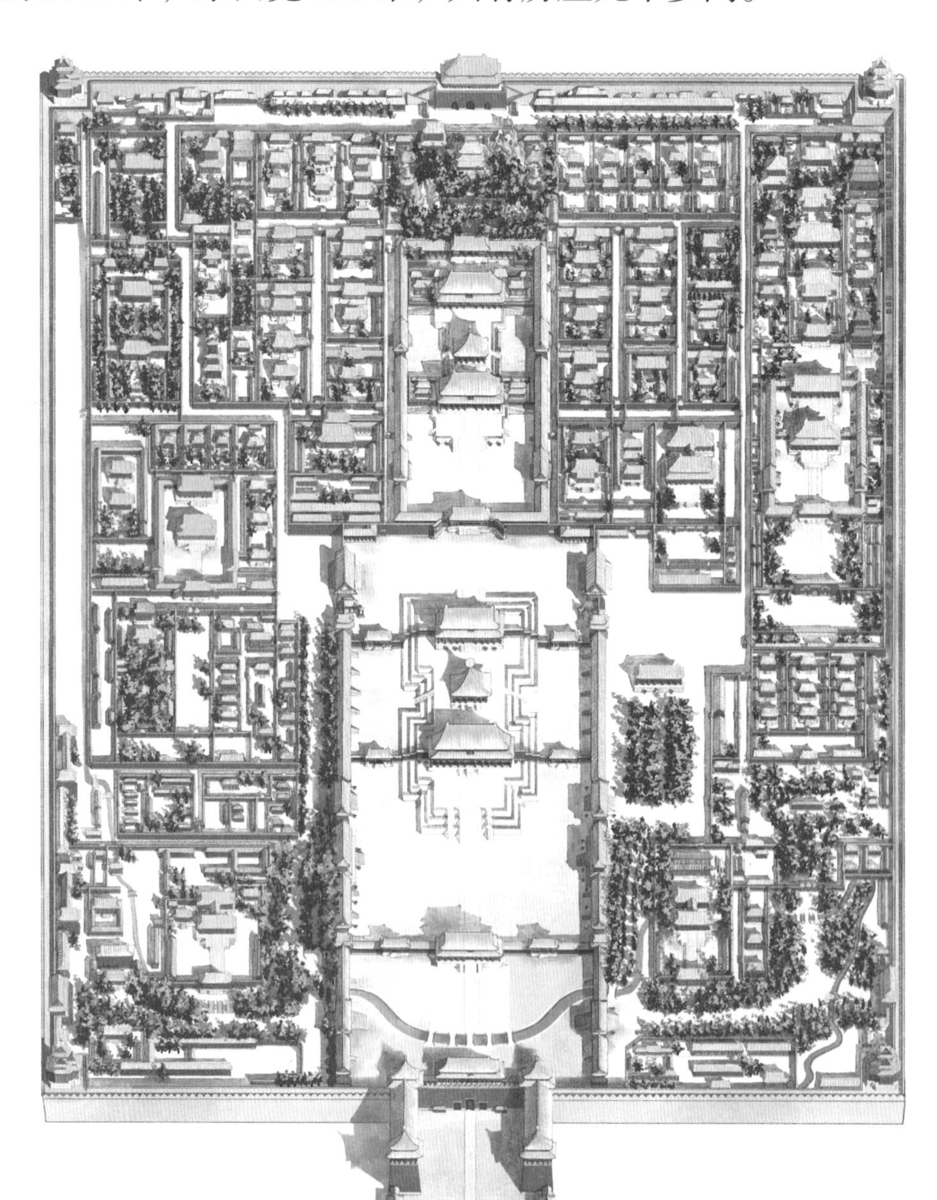

## 万里长城

万里长城是我国最著名的历史胜迹之一，是中国古代的军事防御工程。战国时期，秦、赵、燕三国经常受到游牧民族的侵扰，于是就在北方边境各自修筑了长城。

秦统一六国后，秦始皇下令将秦、赵、燕三国的长城连接起来，逐渐形成了东起辽东，西至甘肃临洮（táo）的“万里长城”。

秦以后，修建长城的工程并没有停止，而是又持续了一千五百多年。明朝为了加强国防，更是大规模修整长城。我们现今能看到的保存较为完整的多是明代长城。

现在的万里长城东起鸭绿江，西至甘肃省嘉峪关，长度有八千八百多千米，历代长城的总长度已超过两万千米，说是“万里”长城，其实是谦虚了，只不过是虚数而已。

## 烽火台

万里长城每隔百米左右就会修建敌台，用来瞭望和戍（shù）守，在易于相互瞭望的高岗上还会设置烽火台。烽火台上堆好干燥的柴草，一旦发现敌情迅速点燃，白天观烟，夜里观火，就近的烽火台如果看到

烟火，也会马上点燃柴草，这样军情就迅速传递出去了。

明代敌台用砖石砌成，军士可住在里面，也可以储备粮食、武器。许多敌台顶上还有望亭，是木结构的亭子，有歇山、悬山等式样的屋顶，不过现今大多不存在了。

## 北京天坛祈年殿

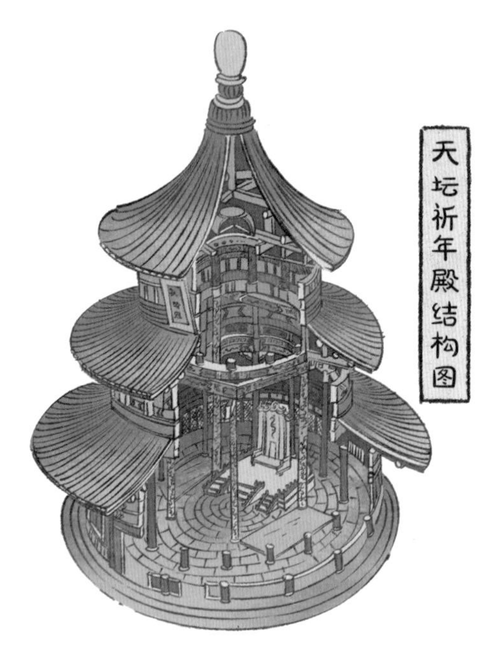
天坛祈年殿结构图

祈年殿是天坛的主体建筑，始建于明永乐年间，是祈祷谷物丰收的场所。本来是方形建筑，明嘉靖二十四年（1545 年）改建为圆形三重檐，起名为“泰享殿”，那时的三层屋檐最上层是青色，中间是黄色，下层是绿色，分别代表天、地、谷。清乾隆年间改称“祈年殿”，因为青色代表天，所以三重檐全部改为青色了。

祈年殿高 38 米，内部用高大的柱子支撑，中央的四根金色的柱子象征一年四季，周围二十四根红柱子代表十二个月和十二个时辰，也象征二十四节气。

# 神明的世界

中国本土宗教是道教；两汉之际，佛教经西域传入中国。之后的朝代，有许多皇帝特别推崇道教或佛教，这两大宗教也深入百姓心中，宗教建筑由此得到发展。

道家的馆所叫“道观”，其建筑形式和布局跟我国其他传统建筑差不多；我国的佛教建筑主要分为佛寺、石窟和佛塔。

## 寺

“寺”这个字本来指官府。据说在汉明帝时候，西域有高僧迦叶摩腾、竺法兰用白马驮经到中国弘扬佛法，明帝让他们在外交府衙鸿胪寺讲经，后来专门为高僧建造了馆所。为纪念白马驮经，便以“白马”为名，另取鸿胪寺中的“寺”字，称为“白马寺”。此后，佛教庙宇便称为“寺”。隋朝的时候，管寺叫“道场”，唐朝仍叫“寺”，宋朝把大的叫“寺”，小一点的叫“院”，所以我们把庙宇称为“寺庙”“寺院”都对。

## 开元寺

福建省泉州市有一座开元寺，始建于唐代。泉州拥有当时国际化贸易大港——泉州港，泉州也因此成为重要贸易中心，无数异乡人在此落脚。当地的建筑也因此融合了多种建筑特色，比如大殿采用南方较为常见的穿斗式结构，细节有闽南特点，还可以看到影响日本的“大佛样”、影响韩国的“柱心包”插拱，石雕具有印度风格等等。

福建泉州开元寺全景

## 塔

塔是佛教建筑，源自印度，也可以音译为“浮屠”，本来是高僧的坟墓，是收藏他们的舍利（遗体骨灰）的。佛教传入中国后，佛塔也与中国文化融合，变成了独特的楼阁式建筑。佛塔的层数都是单数，有三重塔、五重塔、七重塔、九重塔、十三重塔等，也有少量超过十三层的。俗语“救人一命，胜造七级浮屠”中的“浮屠”，指的就是佛塔。

## 大雁塔

西安市有一座恢宏的七层砖塔，名叫“大雁塔”，是我国现存最早的楼阁式砖塔。大雁塔位于大慈恩寺内，也叫“大慈恩寺塔”，建于唐代，是唐代玄奘法师从天竺国归来后修建的存放经卷佛像的佛塔，里面珍藏着贝叶经、佛像、佛舍利。最初修建的时候塔身有

五层，中间经过反复修缮，明万历三十二年（1604年）时用青砖包住旧塔，扩大了体积规模，使大雁塔成为我们现在看到的样子。走在大雁塔下，听着风吹檐铃，能感受到整座砖塔雄浑庄严的气象。

## 石窟

石窟原是印度的一种佛教建筑形式，大概在南北朝时期传入中国，现在的甘肃、山西、河南、四川等地仍保留着大量石窟。

石窟可供僧侣们隐世修行所用，里面有大量的佛像、壁画，有些石窟旁边还有小室，供教徒休息。

石窟依山开凿，建筑材料就是山体本身，修建起来非常耗时。

## 莫高窟

莫高窟位于甘肃省敦煌市东南，也叫“千佛洞”，开凿始于4世纪，隋唐时达到顶峰，有七百多个洞窟，无论从年代还是规模来看，都堪称奇迹。

# 魂灵的归处

古代中国大多实行土葬，人死后归于泥土，有卫生的考虑，有对死者的尊敬，也有回归自然的初衷。这种丧葬形式起源于原始社会。

后来灵魂观深入人心，人们对死亡更加敬畏，产生了对生命的思考，人们要“慎终追远”，越加严肃地看待死亡，坟墓也愈发复杂化。随着文明的发展，人类社会出现了贫富差距和阶级划分，墓葬形制形成制度，出现了大型陵墓。

## 妇好墓

20世纪70年代，在我国河南安阳殷墟发现了一座著名的商代墓葬——妇好墓。妇好是商王武丁的王后，也是一名统领大军的女将。

妇好墓不是很大，但里面的随葬品非常丰富，还有人殉（用人来陪葬，是古代的一种陋俗），可以看出墓主人的地位非常高。

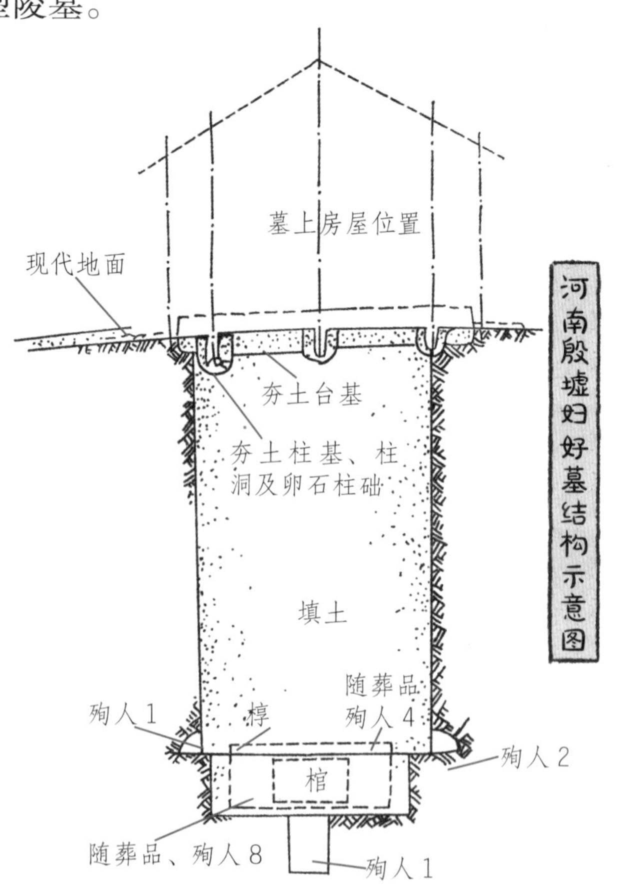

河南殷墟妇好墓结构示意图

通过妇好墓可以看出，商代的棺是放在木制的椁(guǒ)里面的，上方填土，再建造夯土台基。台基之上没有隆起的土堆，而是建造一座房屋，叫“享堂”。

后来，人们发现木制的椁很容易损坏。战国末期，人们开始用砖石来代替木材，这才有了砖石墓室。

## 兵马俑

秦始皇陵在陕西临潼骊（lí）山，史书记载这座陵墓豪华无匹，积藏了不计其数的珍宝。20 世纪 70 年代，人们在秦始皇陵东面发现了秦始皇陵兵马俑坑，里面有铜车马、木质战车、真人大小的陶俑等共计有八千多件。俑是替代真人陪葬的人偶，有木的，也有陶的。春秋以前，主君或贵族死后，会用真人殉葬。到了春秋战国时期，人殉改为了用俑来替代，实际上是一种进步。

## 北京长陵

墓葬形制，尤其是帝陵的形制发展到明清时期，已经非常完善了。明清时期的皇帝陵寝大体上集中在一处，有群山环抱，风景极佳。在这样一块风水宝地中又各自独立，格局仿佛是皇帝活着时候的宫殿，前方后圆，分祭祀区和地宫区两部分，有牌坊、神道、享殿、碑亭、明楼等等，地宫内有宝座、长明灯等，为安放棺椁的地方。

明朝有十六位皇帝，位于北京昌平的明十三陵葬着其中的十三位。其中，永乐帝的长陵年代最早、规模最大。

长陵是明成祖朱棣（dì）和他的皇后徐氏的合葬墓。沿着长陵的中轴线，可以经过陵门、祾（líng）恩门、祾恩殿、内红门、棂星门、石五供、明楼，明楼后面是宝顶，又称宝城，是一个圆形的大土丘。宝顶下方是地宫，就是正式的墓穴。

祾恩殿是长陵最主要的建筑，它比北京故宫太和殿的规模小，但用材非常豪华，甚至比太和殿有过之而无不及，坐落在三层汉白玉台阶上，由 32 根高大粗壮的整根金丝楠木支撑。

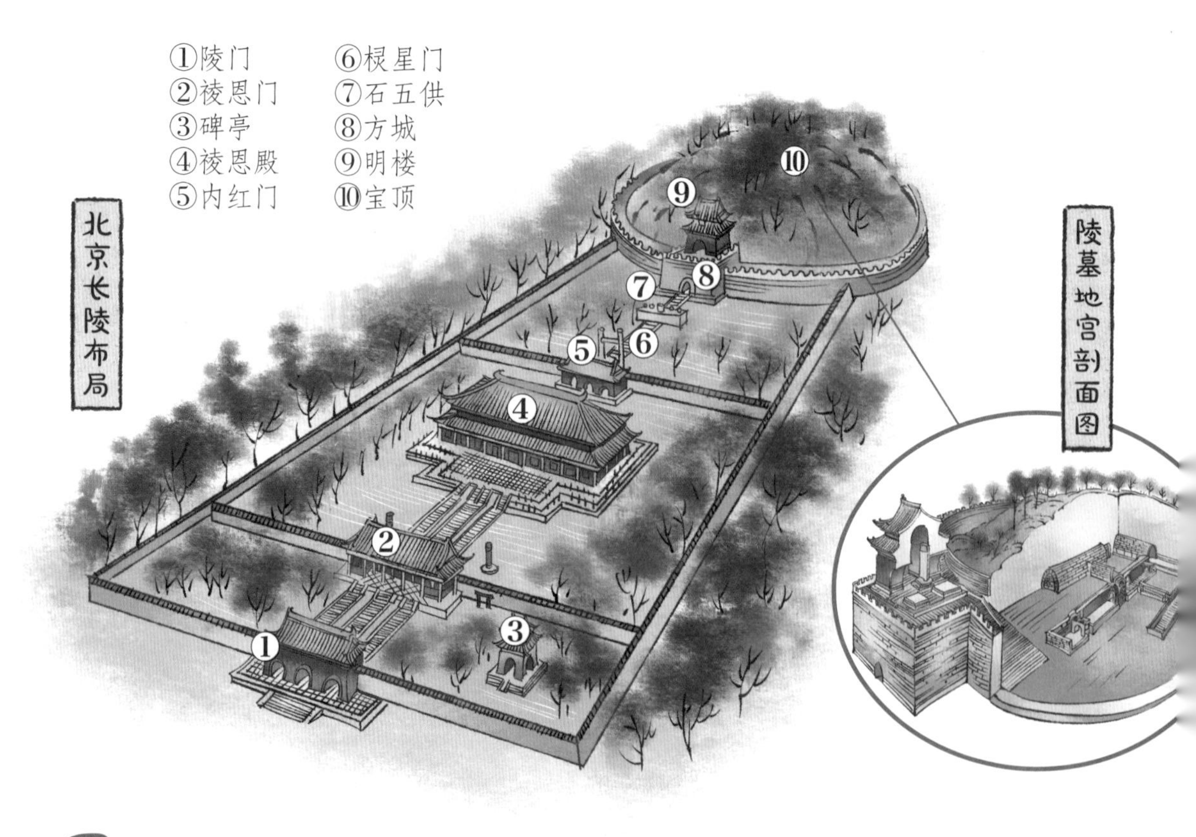

# 历代建筑的发展变化

## 原始社会

我国传统建筑经历了漫长的发展，从最早的原始社会，到王权社会，再到皇权社会，共有六七千年的时间。

原始社会时期（约 170 万年前—公元前 2070 年）十分漫长，发展也是慢悠悠的。最早，人们寻找洞穴栖身。洞穴是天然的，并不是建筑，人们住在里面只是为了寻求保护，躲避风吹雨淋，别被野兽抓走当晚饭。天然洞穴可不常有，人们住得也并不随意舒适，后来，聪明的人们向动物学习，发明了巢和地穴。

### 巢

在古代传说里，一位氏族首领“有巢氏”发明了房屋。但据学者考证，房屋并不是某个人发明的，而是原始人在艰难的求生过程中一点一点摸索出来的。

在南方气候湿热的地区，人们模仿鸟类在树上建造房屋，这就是“巢”。人类居住在高高的树上，可以避开很多野兽，更加安全，同时也可以避免地面的潮湿。

巢渐渐发展为后来的干栏式房屋。

## 地穴

在我国北方和那些地势较高、气候较干燥的地区，人们模仿天然洞穴建造了地穴。为了防雨雪，地穴上方有顶棚，使用柱子支撑。

后来，人们学会了建造墙壁，地穴也就慢慢变浅，直到完全发展为地上的木骨泥墙房屋。地上的房屋比地穴干燥，出入也方便，更适合人们生活。

## 原始村落

共同生活在一个村落里，人们可以共同劳动和生活，还能一起抵御野兽、敌人。所以，人们传统的生活方式就是“聚居”。人们分工越来越明确，文明得到快速发展。这时候，较深的竖穴和半地穴、地面房屋开始交替出现。原始社会后期，地面房屋越来越多，

有圆形和方形两种。墙体先用木骨架扎牢，再绑好小枝杈，最后涂泥，这样建造的房屋又坚固又实用。为了保护泥制的墙体，屋顶也要出檐，同时墙体还要烧制，以加强防水性能。

## 夏、商、周时期

公元前 21 世纪，夏朝建立，中国从那时起进入王权社会。夏朝是王权社会的开端，是我国最早的朝代。之后的商朝，王权世袭得到了快速发展，并在周朝时达到顶峰。

夏、商、周三代的中心地区都处在黄河中下游，依据当地特点，建筑广泛使用夯土台基。

### 夏

夏末（约公元前 17 世纪）都城位于河南偃师二里头。在二里头遗址，考古学家发现了大型宫殿遗址。如今还能看到大型宫殿的夯土台基有 80 厘米高的残迹，整座宫殿已经有了院落形态。夯土台基的构造影响了之后的几千年。

人们还在二里头遗址发现了陶制排水管，说明夏朝人已经设计并使用了排水系统。只是，当时只有最高级的贵族才能住上有排水系统的房屋。

## 商

我国有文字记录的历史开始于商朝（公元前1600—公元前1046年）。商朝的疆域东至大海，西至陕西，南至安徽、湖北，北至辽宁，是一个面积广大、实力雄厚的国家。商朝的制造技术已经达到很高的水平，青铜器作品令人叹为观止，生活用品、兵器以及生产工具的制造也有了很大飞跃，所以，虽然商朝距今已有三千多年，但建筑技术水平已经不可小觑。

在一些商代建筑遗址中，人们发现大量院落，也是由宫城、内城、外城组成的。城市里有科学的规划，宫殿、制陶、酿酒以及墓葬等区域划分清楚。

考古学家复原了一座商代宫殿。这座宫殿有两重檐，是当时最高等级的宫殿。宫殿的台基比较高，既可以防潮，也让宫殿显得高大雄伟。

商代宫殿复原示意图

## 周

周代分两个时期：西周和东周。西周约开始于公元前 11 世纪。

考古发现表明，西周早期已经有两进的院落式房屋，主要的房屋位于明显的中轴线上。

屋子的墙是夯土的，室内用木柱，屋顶用草覆盖，局部使用了瓦。

到了西周中期，已经出现了木构架承重的房屋，面积达到 280 平方米，现在看来也是大房子了。当时也有了早期的斗拱。

从那时起，木构架承重，使用斗拱，带有中轴线的院落式布局，这些中国传统建筑的基本特点已经形成。

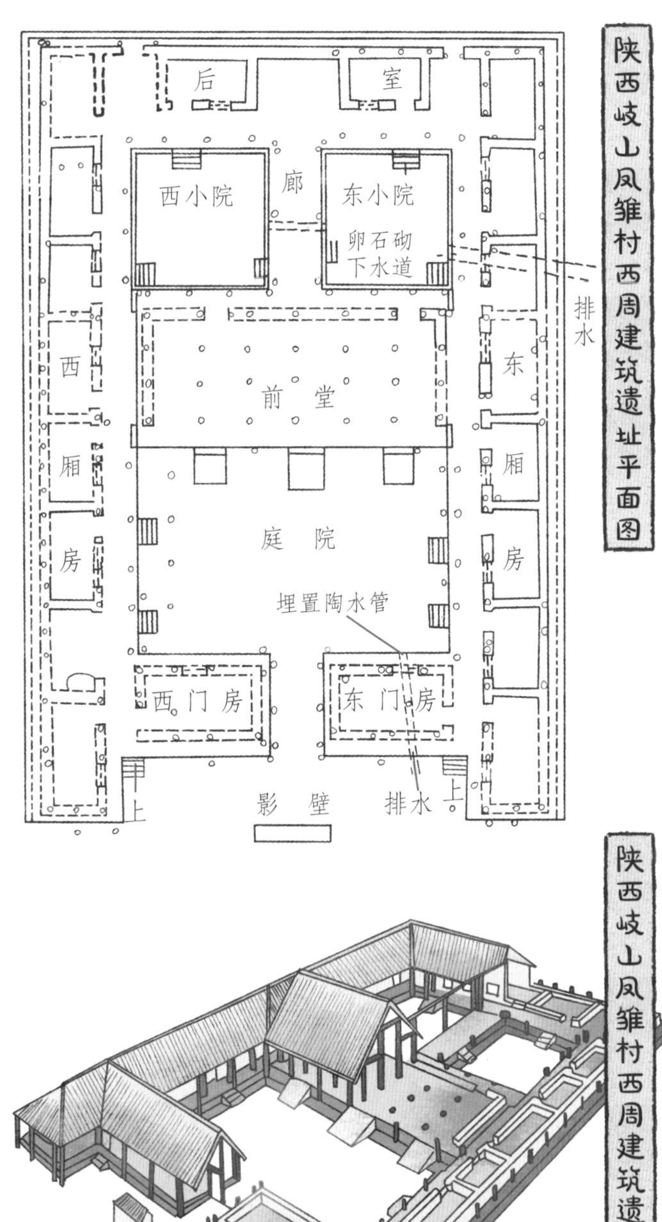


陕西岐山凤雏村西周建筑遗址平面图

陕西岐山凤雏村西周建筑遗址复原示意图

# 秦汉时期

东周已进入春秋战国时期，周王朝已经失去对于诸侯国的实际控制权，各个诸侯国为了彰显实力，纷纷营造宫室。这些宫室把房屋建在高高的基座上面，基座叫“台”，上面的房屋叫“榭”，二者合起来，叫“台榭”，这种形式一直延续到汉代。春秋时期各国的都城都有了标准规划，除了宫城之外，都城用墙来划分出网格，叫作“里”，每个里都有里长负责管理，到了夜里全城实行宵禁，不许百姓出来活动。

战国时期，随着商业和手工业的发展，许多城市出现了繁荣景象，城市规模越来越大，那时城市里已经出现了按时营业的商业区，叫“市”，后来人们就把商品交易的地方叫“市场”。

秦国统一六国后，秦始皇命人将他征服的这些国家的宫室复制，在都城咸阳照样修建了一遍，又在渭水南岸建造了新宫殿。可以说，秦朝集六国精华，拥有超级豪华的宫室。

## 阿房宫

秦始皇统一六国九年之后，下令在渭水之南上林苑营造新宫，这座新宫有一个超大的前殿，叫“阿房（ēpáng）”。有多大呢？《史记》中记载：“东西五百步，南北五十丈，上可以坐万人，下可以建五丈旗，周驰为阁道，自殿下直抵南山。”据现代考古学家发掘，阿房宫前殿基址东西长1270米，南北宽426米，高7~9米，面积约54.4万平方米，相当于76个足球场。

唐代杜牧的《阿房宫赋》描写了阿房宫的富丽和雄伟：它五步一楼，十步一阁，走廊如绸带般盘绕，飞檐像鸟嘴高啄。这些楼阁依地形而建，巧夺天工。楼阁交错、盘旋，如密集的蜂房，如旋转的水涡，层层矗立，仿佛有成千上万座。长桥横卧水波之上，天空万里无云，却为何飞来了天龙？楼阁之间的通道那么高，仿佛飞跨在天空中，如果不是雨后初霁，怎么这里出现了彩虹？房屋高高低低，幽深迷离，使人不能分辨方向。

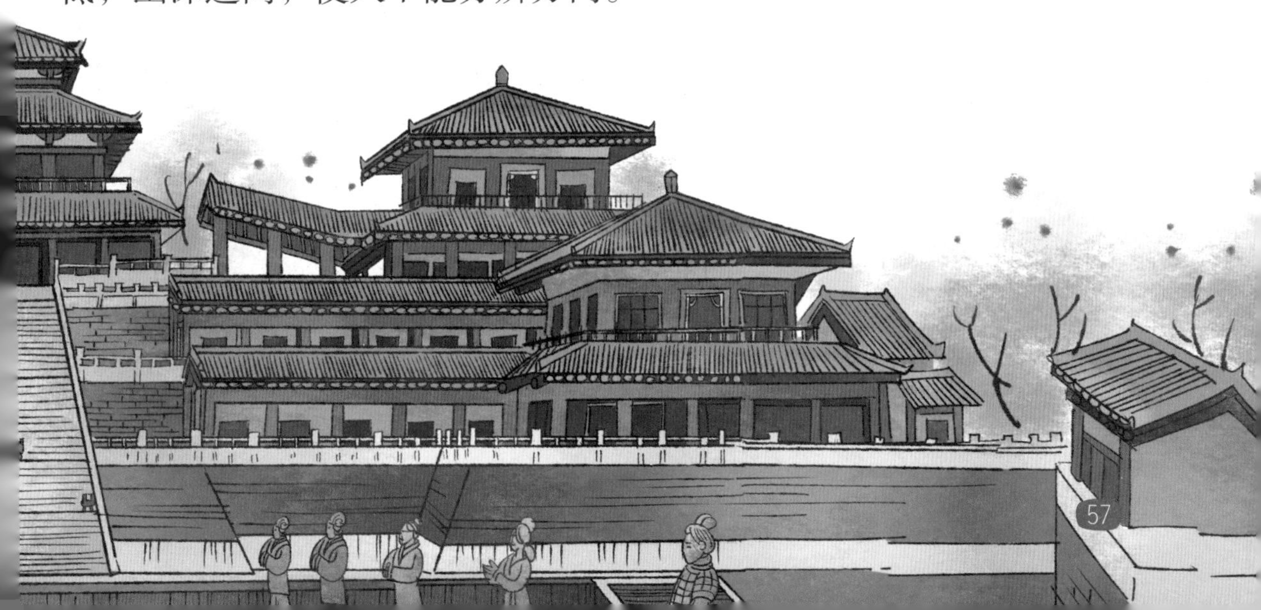

## 钩心斗角

《阿房宫赋》创造了一个成语“钩心斗角”。“心”指宫殿的中心，“角”指檐角。各个角指向中心，叫“钩心”，各个角又彼此相对，像兵器相斗，叫“斗角”，杜牧用这个词，意在说明阿房宫巧夺天工、十分精巧。现在，这个成语指人与人之间各怀心机，相互争斗。

## 汉代——木结构建筑大发展

汉代（公元前206—公元220年）文化和科学技术进入了新的发展时期。木架结构建筑在这一时期逐渐成熟，砖石建筑也得到了很大发展。

右图是甘肃武威的一座汉代古墓中出土的一件碉楼明器，明器就是陪葬品。从这个碉楼模型上人们可以看到复杂的多层木结构建筑形式，而且自成院落。从全国各地出土的其他汉代陶屋明器上，人们还发现了复杂的抬梁式和穿斗式结构，以及干栏式建筑式样。

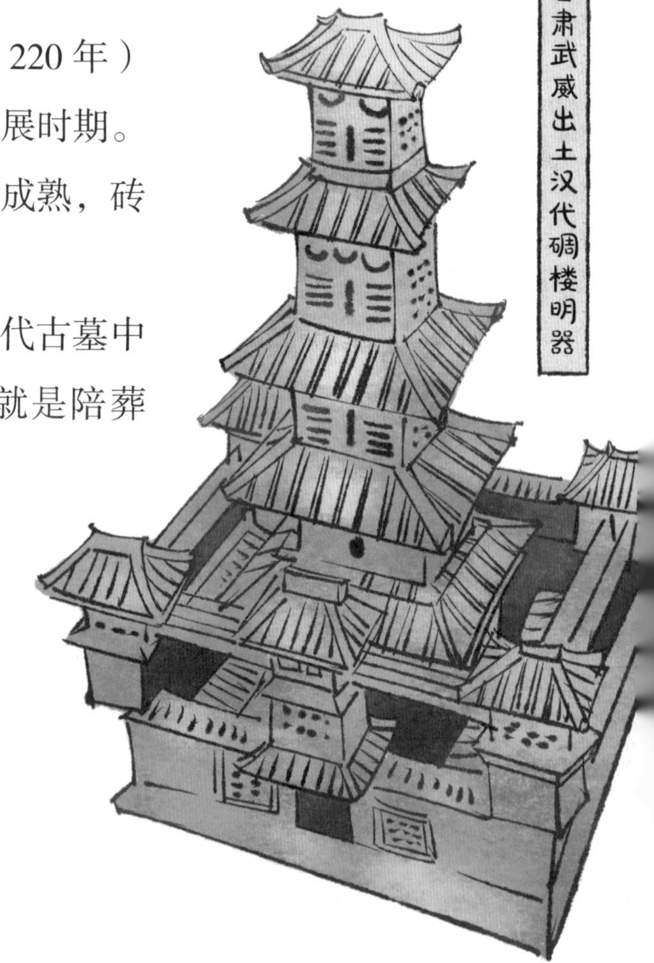

甘肃武威出土汉代碉楼明器

## 汉代的拱券和砖石

汉代距今已有两千年左右，当时的建筑至今只留下了石祠、陵墓。考古学家发现，西汉的时候就已经出现了砖石拱券结构（见第 29 页拱券顶）。因为这种建筑的建造难度很高，“竞争对手”木结构建筑又已经发展得很成熟了，所以，拱券结构便多用来建造墓室了。到了东汉末年，还出现了相似工艺的桥梁，后来还有砖塔。

自从战国时期出现空心砖以后，人们发现砖真是好东西。汉代大量使用砖，还创造了楔（xiē）形和有榫的砖。“榫卯”是我国一种传统技艺，不靠钉子或胶，在两个构件上采用凹凸锁合的方法，将部件紧密连接在一起。凸的部分叫榫，凹的部分叫卯。这种结构非常精妙，大量地应用在传统建筑的木构件上，而砖石能设计出榫卯结构，技术难度非常高，也很有创意。

人们还发现了许多汉代画像砖，这些砖表面有许多模印、彩绘或雕刻的图像，主题特别多样，有人物故事、神话传说、舞乐百戏等，既是珍贵的艺术品，也是后人研究汉代文化的宝贵资料。

汉砖 舞乐杂技

# 隋唐、五代时期

隋唐时期，多民族融合，中国同世界交流频繁，那时的人们突破了汉代严谨的思想束缚，建筑风格都变得活泼多样起来，人们的创造力也得到很大提高。

## 隋，又一个大兴土木的朝代

秦朝二世而亡的教训并没有让隋朝（581—618年）的皇帝警醒，兴建大兴城、开凿大运河，这些既是人类历史上的伟大工程，也是又一次因使用民力过急导致王朝迅速覆灭的历史明证。

公元582年，隋文帝开始在龙首原（今西安市龙首村）以南兴建新都，取名“大兴”。大兴城总面积约84平方千米，有13座城门，城内有纵街十一、横街十四相互交织，将整个城区划分为108坊和东西两市，方正工整，是人工规划的超级都市。中轴线从外城到皇城，再到宫城，规划严谨大气，史无前例。

## 赵州桥

“赵州桥”是大家熟悉的称呼，这座桥位于河北赵县，正名叫“安济桥”，当地人也管它叫“大石桥”。

桥梁的历史十分悠久，战国时就有架空桥，秦朝多见跨梁式桥，到汉朝已有拱桥。公元6世纪末的隋朝，出现了赵州桥这样独特的

作品，它是一架单孔敞肩石拱桥，全长 64.4 米，跨径 37.2 米，没有柱子支撑，中间有一个明显的大拱，大拱的两肩上又各有两洞。河水泛滥时，洪流从大拱和洞中穿过，能为桥身泄力，保护桥体。

赵州桥始建于隋朝，至今已有 1400 多年了，历经无数次洪水和地震的考验，并经历过八次修缮，今天仍在使用。赵州桥的设计者是李春，这是一位历史上少有的、名垂青史的大建筑师。

## 从大兴到长安

可惜，隋朝只享国 36 年，公元 618 年，唐朝（618—907 年）取代隋朝，大兴被改名为“长安”，成了唐朝的都城。唐朝的统治者接盘了大兴城，又修建了许多宫殿馆所，比如大明宫、兴庆宫等，都非常壮丽豪华。大明宫建在长安北侧龙首原上，是当时长安三座主要宫殿中规模最大的一座，考古发现的殿基遗址仍高 10 余米。

长安城繁华壮丽、商贾（gǔ）云集，是当时世界上最繁华的国际性大都市。

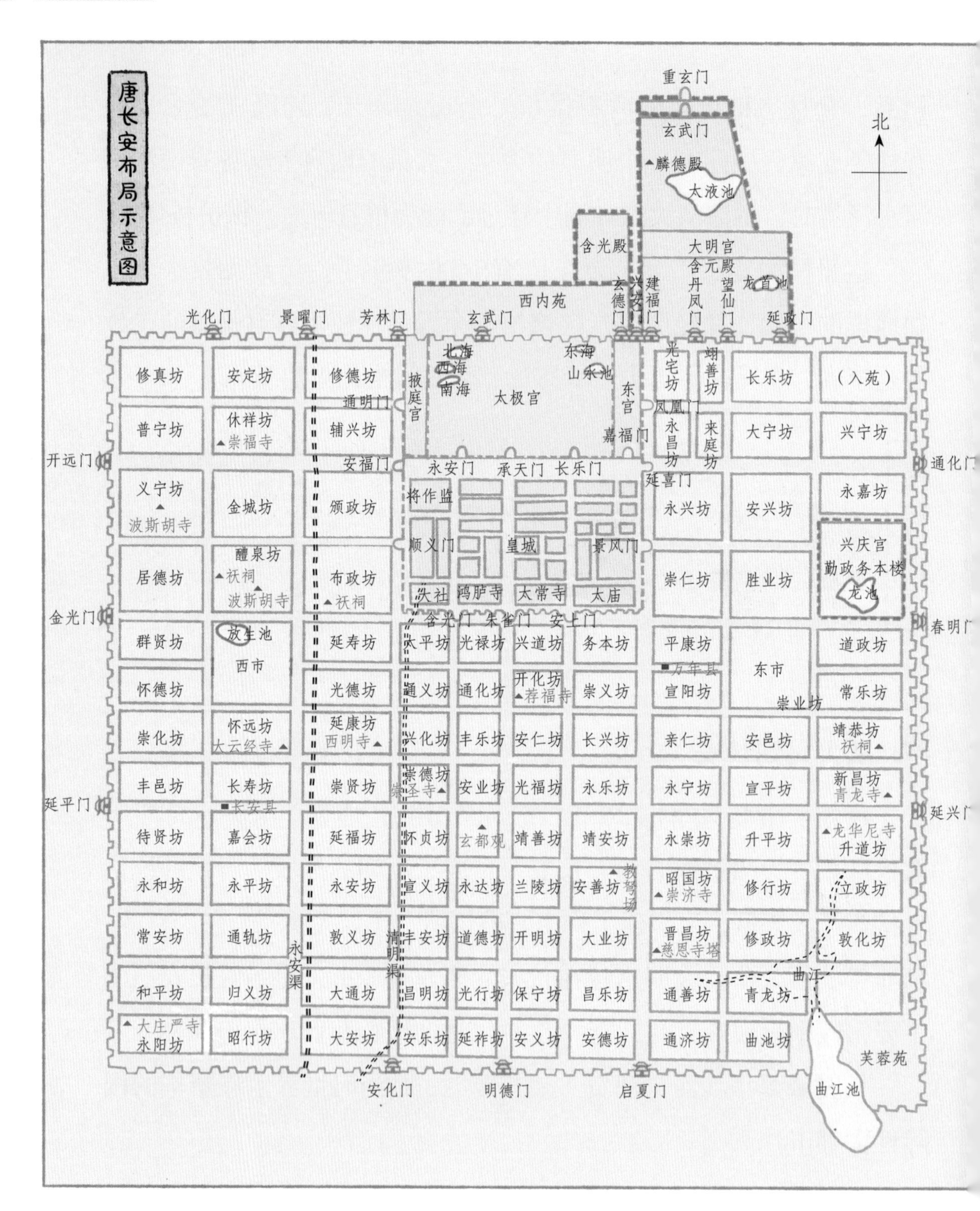
唐长安布局示意图
北
重玄门
玄武门
麟德殿
太液池
含光殿
大明宫
含元殿
丹凤门
望仙门
龙首池
西内苑
玄德门
兴安门
建福门
延政门
光化门
景曜门
芳林门
玄武门
北海
西海
南海
东海
山水池
太极宫
掖庭宫
东宫
通明门
嘉福门
凤凰门
光宅坊
翊善坊
长乐坊
（入苑）
永昌坊
来庭坊
大宁坊
兴宁坊
修真坊
安定坊
修德坊
普宁坊
休祥坊
崇福寺
辅兴坊
开远门
安福门
永安门
承天门
长乐门
延喜门
通化门
义宁坊
波斯胡寺
金城坊
颁政坊
将作监
永兴坊
安兴坊
永嘉坊
兴庆宫
勤政务本楼
龙池
顺义门
皇城
景风门
居德坊
醴泉坊
祆祠
波斯胡寺
布政坊
祆祠
大社
鸿胪寺
太常寺
太庙
崇仁坊
胜业坊
金光门
含光门
朱雀门
安上门
春明门
群贤坊
放生池
西市
延寿坊
太平坊
光禄坊
兴道坊
务本坊
平康坊
万年县
东市
道政坊
怀德坊
光德坊
通义坊
通化坊
开化坊
荐福寺
崇义坊
宣阳坊
崇业坊
常乐坊
崇化坊
怀远坊
大云经寺
延康坊
西明寺
兴化坊
丰乐坊
安仁坊
长兴坊
亲仁坊
安邑坊
靖恭坊
祆祠
丰邑坊
长寿坊
长安县
崇贤坊
崇德坊
崇圣寺
安业坊
光福坊
永乐坊
永宁坊
宣平坊
新昌坊
青龙寺
延平门
延兴门
待贤坊
嘉会坊
延福坊
怀贞坊
玄都观
靖善坊
靖安坊
永崇坊
升平坊
龙华尼寺
升道坊
永和坊
永平坊
永安坊
宣义坊
永达坊
兰陵坊
安善坊
教弩坊
昭国坊
崇济寺
修行坊
立政坊
常安坊
通轨坊
敦义坊
清明渠
丰安坊
道德坊
开明坊
大业坊
晋昌坊
慈恩寺塔
修政坊
敦化坊
永安渠
曲江
和平坊
归义坊
大通坊
昌明坊
光行坊
保宁坊
昌乐坊
通善坊
青龙坊
大庄严寺
永阳坊
昭行坊
大安坊
安乐坊
延祚坊
安义坊
安德坊
通济坊
曲池坊
芙蓉苑
曲江池
安化门
明德门
启夏门

# 辽、金、宋、元时期

山西应县佛宫寺释迦塔

辽（907—1125 年）是契丹民族建立的北方政权，辽代的建筑保留了唐代建筑的特点。始建于 1056 年的山西应县佛宫寺释迦塔是一座八角五层六檐的全木结构塔，高达 67 米，设计非常精密，仿佛一个严谨的几何模型，是我国现存最高的木结构建筑。

辽后来被女真人建立的金所灭。同一时期的中原王朝是宋（960—1279 年）。北宋的都城在汴梁（今河南开封），是手工制造业、商业非常发达的城市，汴河贯穿城市，没有街坊的限制，小贩游走于街巷，大小店铺临街而开，房屋非常实用精巧，这些都可以通过宋朝名画《清明上河图》来一窥究竟。

1234 年，金被蒙古所灭，1271 年，忽必烈定国号为“元”。1279 年，元灭南宋统一全国。元在 1267 年兴建大都（在今北京），元大都也是网格状布局，巷子称为“胡同”，是继唐代的长安、东都洛阳之后，又一座规划完善的都城。

## 《营造法式》

宋代的《营造法式》是我国古代建筑学科的重要著作，是我国最早的建筑规范典籍，是后人进行建筑工作的权威参考书，也是我们研究古代建筑的重要史料。

## 艮岳

宋徽宗赵佶（jí）是一位艺术家，他除了喜欢书画，还喜欢奇石。我国江南产奇石，其中以太湖石最为著名，太湖石玲珑剔透、姿态万千，堆叠建成假山重峦叠嶂、自然天成。宋徽宗是奇石最知名的“粉丝”之一，他下令全国大量搜选奇石，运到汴梁，历时五年，在汴

梁生生造出一座山——艮（gèn）岳。

运送奇石的队伍叫“花石纲”，通常十艘船称一纲，船队所过之处，需要沿岸乡民供奉吃喝；遇见桥梁、城门过不去的，还要拆桥、拆城门，使得沿路州县百姓备受摧残。后来金兵攻入都城，汴京失守，皇帝被当成战俘抓走了，北宋至此灭亡。

汴梁陷落后，“括天下之美，藏古今之胜”的艮岳被毁掉了，那些珍贵的奇石有的一同被毁，有的流落民间成为百姓的收藏，还有一些被金兵带走了。

# 明清时期

公元1368年，朱元璋建立明朝（1368—1644年），随后灭元，占领了元大都，将元大都改名为“北平”。明朝先是在南京建都，修建了规模严整的皇城，后来，明朝第三位皇帝永乐帝朱棣改“北平”为“北京”，仿南京皇城的样子，兴建北京宫殿。历时14年，北京宫殿建成了，于是永乐帝下令迁都，北京成了明朝的都城。此后，北京城内辉煌的紫禁城成了全国的心脏。

## 明朝对北京的改造

最初的北京城分为三重，外为北京城，中为皇城，内为宫城。我们说的“紫禁城”，指的就是宫城。明清两朝，先后有24位皇帝在这里居住、执政，因此紫禁城是当时中国政治中心里的中心。

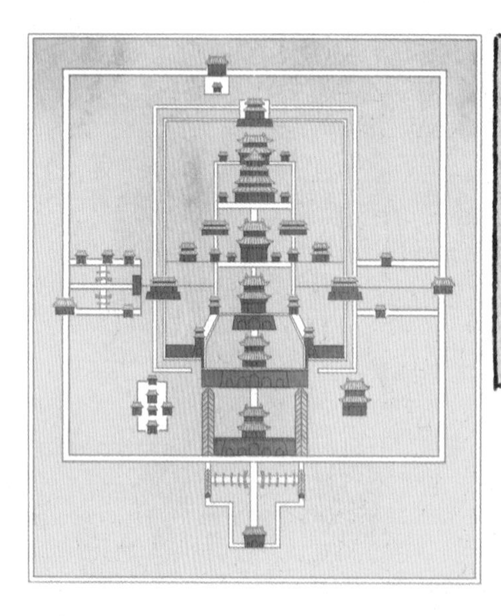

南京明皇城平面示意图

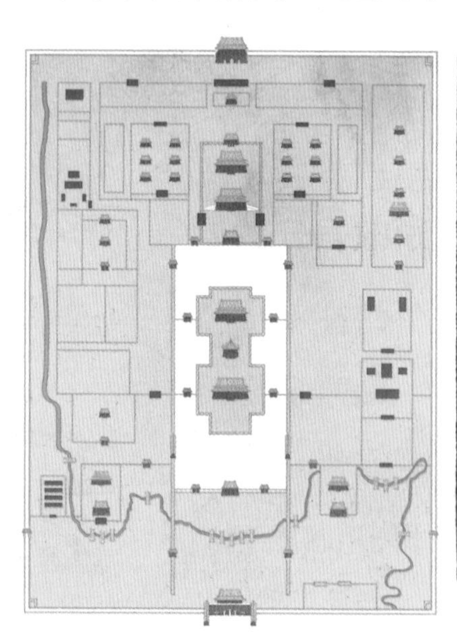

明永乐年间北京紫禁城平面示意图

明朝的统治者对房屋等级、式样、布局、形式、颜色有了十分明确的规定，影响了明清两代城市的面貌。我们现在还能看到北京城里，除了故宫红黄相间，金碧辉煌，遗留下来的历史民居大多都是灰灰的颜色。

明朝沿用了元大都的街道胡同，又在中轴线上重新修建宫殿，部署了宫门、三大殿、后三宫、景山、钟鼓楼，这些成为全城的脊柱，气势恢宏。“脊柱”两侧则有太庙、社稷坛以及官署、寺庙，规划得非常严谨方正。

## 清朝对北京的继承

明朝亡于李自成的起义军，公元1644年，清军赶走了起义军，入关后定都北京，对北京城未做大的改变，几乎是全盘继承了这座都城。

## 北京故宫三大殿

从午门进入北京故宫，迎面是宽阔的太和门广场，这里既大气，又秀美，是建筑美学的极高体现，穿过太和门，正对的就是紫禁城的中心：前朝三大殿。

太和殿、中和殿、保和殿合称“前朝三大殿”，是皇帝举行重

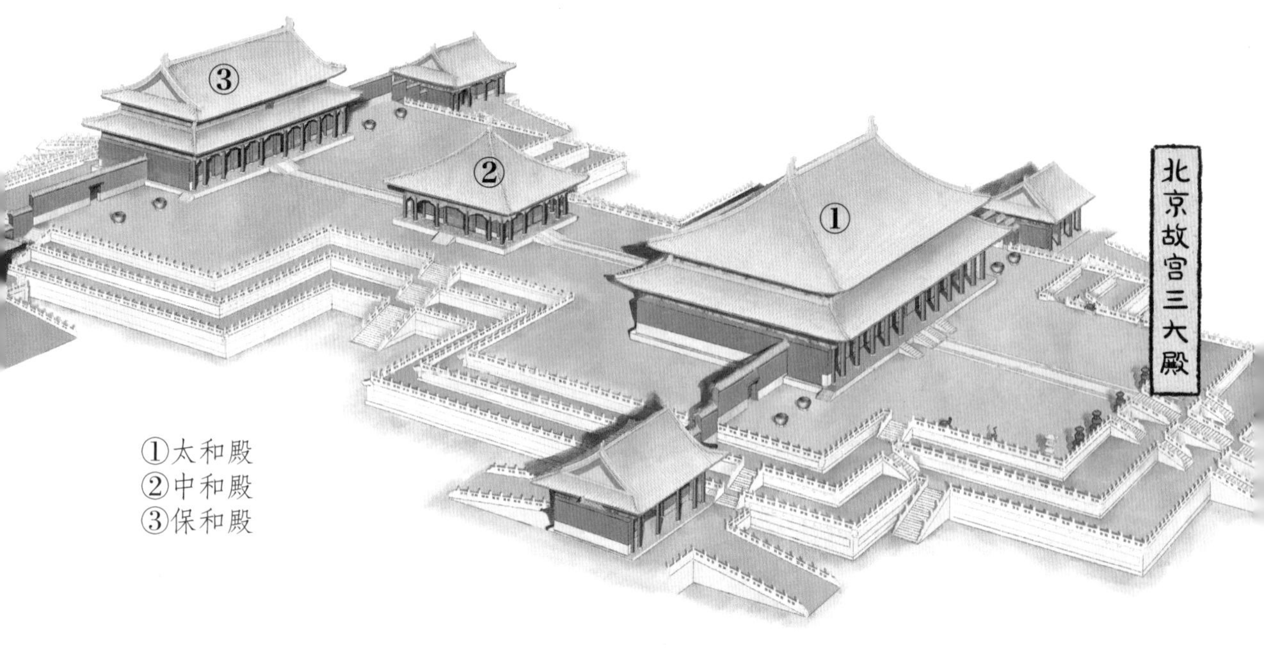


大典礼的场所。三大殿院落特别宽阔，绕着跑一圈，大概是两个多足球场外围的距离。这个院落围起的空间里，没有一棵树，没有多余的装饰，最大程度地突出了三大殿的中心地位。

## 太和殿

太和殿是只有重大仪式才会使用的建筑，它有着重檐庑殿顶，建筑等级最高。重檐之上覆盖着金黄色琉璃瓦，屋脊上端坐着十只脊兽。古建筑中，脊兽数目一般是单数，有三个，有五个，最高是九个，十只脊兽的只有太和殿一个孤例。

太和殿内部也是绝无仅有的：金砖墁（màn）地、金柱支撑，中间一座七层高台，上方摆着皇帝的金龙宝座，宝座后面是七扇屏风，也都雕着龙的图案。

# 那些人

不同于帝王将相、文人墨客，古代那些创造建筑奇迹的人们，多是卑微的匠人，他们在那时严格的阶级体制里，地位低下，青史几乎没留下他们的姓名，哪怕是在明朝兴建北京皇宫的相关史料里，记录下来的也多是官员的名字，工匠的名字寥寥无几。可是，古代的建筑工程哪有那么简单，伐木、取石、雕刻、彩画、设计……每一项都要劳动者们亲手完成。

这一章，我们来讲一讲他们的故事。

## 劳工从哪里来

最耗费民力的当属超级工程，比如修帝王陵寝、皇宫。为了推进这些大工程，统治者从全国各地征召匠人，动辄几千、几万，甚至十几万人，此外，还需要调集几倍数量的民工、军士、囚犯。

劳工里很多都是普通农民，被征召去建工程，终年回不了家。普通农户家里缺乏劳动力，田也没人种，农事没有人管，养蚕用的桑树、造纸用的楮（chǔ）树被砍掉当柴烧，全国经济遭受严重损失。

粮食没人种，百姓就要遭殃，有些地方同时受到了天灾的影响，雪上加霜，老百姓挖草根、剥树皮充饥，流离失所。

## 石材是哪里来的

大建筑会用到非常重的大石材，以明朝兴建北京皇宫为例，故宫里最大的一块石料，是一整块重达250吨的汉白玉。这块大石料动用了两万人，花费了28天才运达工地。劳工们要事先修好倾斜的路面，沿途凿好水井。夏天在路上横放圆木，铺成轮道，把巨石拉到上面拖拽；冬天寒冷时，取井水浇地，冻成冰路，再把巨石放在冰路上拉动前行。

石料运输

## 木材从哪里来

古代人盖房子需要用大量木料，像皇宫这样的大型工程不但用得多，还要用最好的。大量官吏深入原始森林，寻找那些最笔直、最粗壮的树木。无数劳工在遮天蔽日的森林里砍伐、开路、搬运，造成大量死伤。仅有少数幸运的工匠在历史上留下了他们的名字，一些作品也留存到了现在。

## 鲁班

鲁班是春秋时期鲁国人，被奉为木工和建筑工匠的鼻祖。传说木匠们使用的刨子、锯子、墨斗、曲尺等重要工具，都是他发明的，大大便利了后人的劳作。

## 蒯祥

蒯（kuǎi）祥是明代建筑设计家，明永乐年间兴建北京皇宫时，受命来到北京，天安门、三大殿均出自他的设计。因为技艺高超，蒯祥得到了皇帝的赏识，从一位匠人被任命为工部左侍郎。

## 雷发达

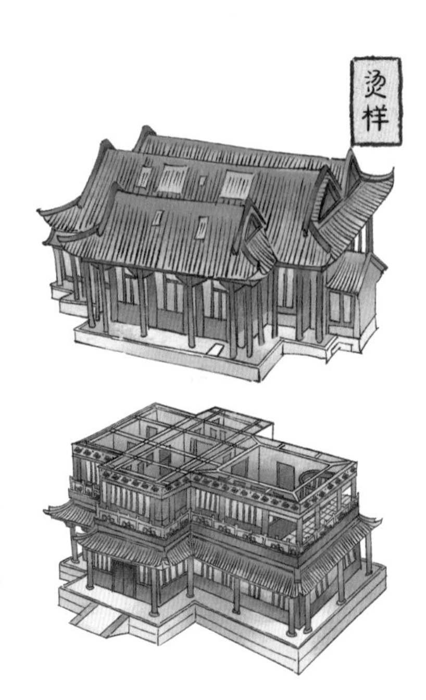


雷发达是明末清初的建筑工匠，他的家族在 200 多年间一直负责皇家工程设计，被人们称为“样式雷”。雷氏家族绘制的图纸有平面图、透视图、局部细节图等，还会制成可拆卸的立体模型——烫样。烫样是仿真缩小的模型，极其精巧，不但可以看到建筑的外貌，还能拆开看到里面的结构，这为建筑的审批及施工提供了方便。